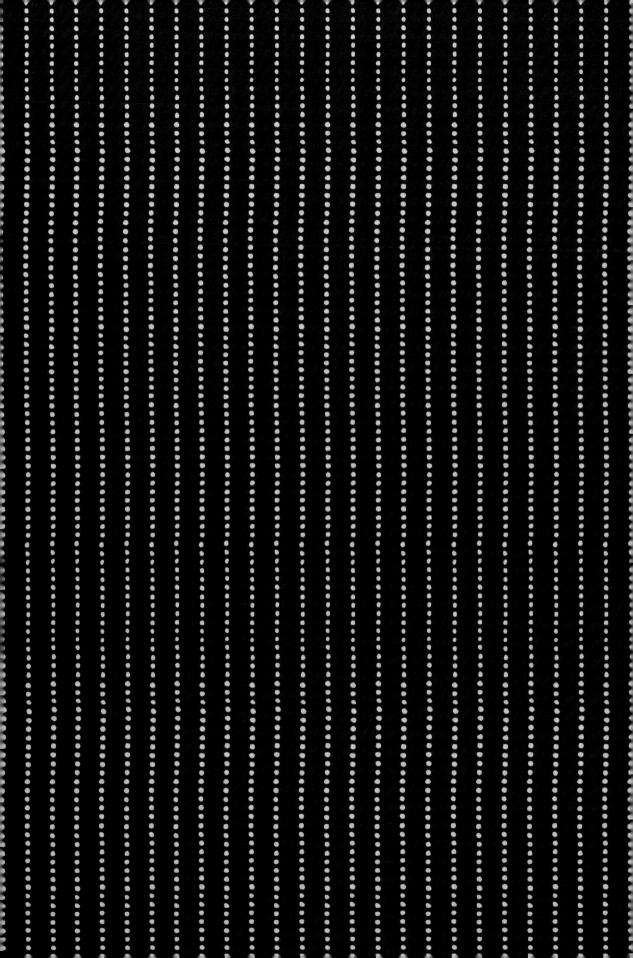

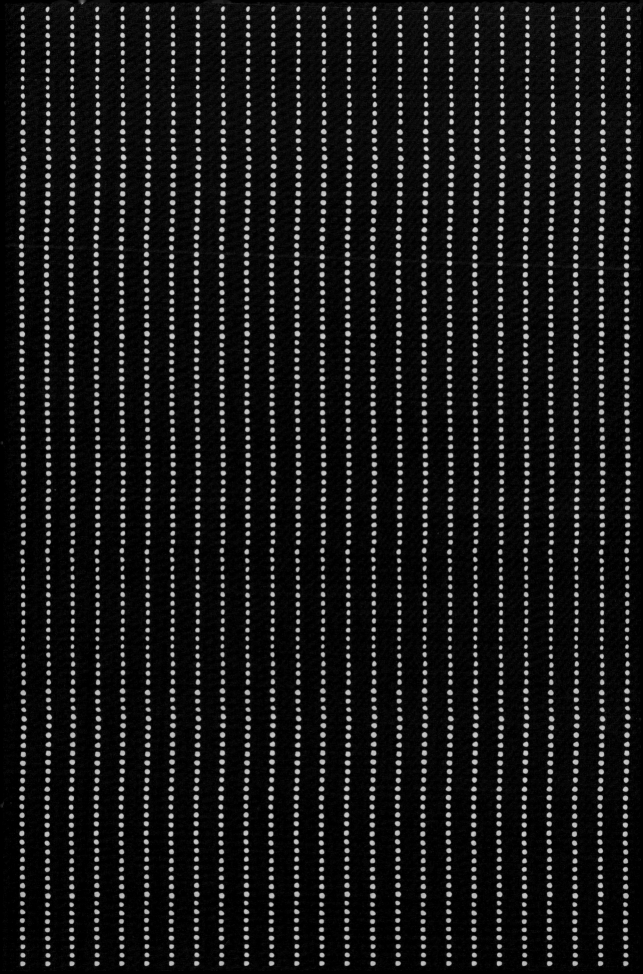

土鍋だから、
おいしい料理

超厲害！土鍋做的美味料理

炒、烤、蒸、燉、炊樣樣來

知名料理家
伊賀燒土樂窯窯主
福森道步◎著

陳柏瑤◎譯

在餐桌正中央「咚地」放下土鍋

本書是我的第二部作品，撰寫的過程中我一邊想像著讀者們日常餐桌的情景，一邊設計適合各種場合享用的土鍋料理。所謂的土鍋，鍋子本身宛如有生命般，隨著與火的相遇，與食材產生對話，進而帶出食材所蘊藏的美味。土鍋不但適合燉煮，只要掌握幾個訣竅，還能變化出各式各樣的料理。

鍋物料理一直給人一種和家人或朋友相聚時才會享用的印象。固然團聚的時刻少不了鍋物料理，但我也經常在每天辛苦的工作告一段落後獨自享用。只要利用家中現有的食材或炒或煮或烤，就算是再簡單不過的料理，一個人也有一個人的樂趣，這正是土鍋的魅力所在。用土鍋烹調出的美味能夠滲入我們的身心，消除工作的疲憊，爲身體注入滿滿的元氣。

讓我們一起踏入土鍋的美好世界吧！在餐桌正中央咚地放下土鍋，掀開鍋蓋的刹那，屋子裡也充滿了眾人的歡聲笑語，土鍋就是擁有這般愉悅人心的力量。

若能藉由本書介紹的每道料理豐富各位每一天的飲食生活，並帶來健康，將是我最大的榮幸。

福森道步

目錄

2 在餐桌中央咚地放下土鍋
6 只用來煮火鍋未免太可惜了！
8 讓土鍋更耐久用的5個訣竅
10 本書使用的土鍋

下酒菜與小品料理

12 鮮蝦杏鮑菇西班牙蒜味鍋
13 櫛瓜雞雜蒜味咖哩鍋
14 蔥爆花蛤
16 蒜香奶油番茄章魚
17 蒜香奶油炒雞胗
18 洋風肝醬炒北魷
20 蒸高麗菜滑蛋
21 煎烤雞肉丸
22 煎起司雞胸肉排
24 嫩蒸牡蠣
25 鹽烤毛豆
26 藍紋起司鍋

季節湯品

28 法式馬賽魚湯
30 蕪菁雞湯
31 薑片冬瓜湯
32 醃漬酸莖菜豬肉湯
34 **小特集** 簡單的日常菜：3種手作炸豆腐

關於材料以及作法

＊1小匙爲5 ㎖，1大匙爲15㎖，1杯爲200㎖，1杯米爲180㎖（150g）。

＊材料標示的分量，請依照使用的土鍋尺寸略做增減。

＊食譜所使用的土鍋在P.10有詳細的介紹。某些材質的土鍋無法空燒加熱，因此「炒」、「烤」等的烹調方式可能會造成土鍋破裂，請先確認後再使用爲佳。

主菜料理

40 義式番茄水煮魚
42 烤雞腿肉
44 鹹豬肉蔬菜鍋
46 白醬焗烤冬季蔬菜
48 洋蔥雞肉親子煮
50 清燉干貝蘿蔔
51 油豆腐煮里芋
52 洋蔥燉煮牛筋
54 特製麻婆茄子
56 土樂咖哩
58 簡易的清雞湯作法

形形色色的鍋物

60 涮烤大蔥鴨片
64 鹽味牛肉壽喜燒
66 夏季牛肉茗荷鍋
68 貝類豆乳鍋
69 韓式梭子蟹鍋
70 三味湯餃
72 酒粕味噌鍋
74 **小特集** 領受四季的恩惠

米飯與麵類料理

80 白米飯
82 秋刀魚薑飯
83 花生炊飯
84 薑絲雞腿肉飯
86 簡易義式起司燉飯
88 土鍋炒烏龍麵
89 燴什錦脆麵
90 用土鍋變化出麵包與雞蛋的早餐組合
92 鬆軟綿密的自家製鬆餅
93 特製卡士達醬
94 這種時候，該怎麼做才好？
關於土鍋的各種疑難排解與土鍋不擅長的事

只用來煮火鍋 未免太可惜了！

你是不是以為土鍋只能用來煮冬天常吃的火鍋？
其實不限於火鍋或燉煮，土鍋還能拿來熱炒、煎牛排、焗烤、做甜點等，應用在各種料理上。
本書所使用的鐵釉土鍋，其材質與燒製即適合上述烹調方式的土鍋種類之一。
由於鍋體導熱緩慢、受熱過程平均穩定，得以徹底引出食材最天然的美味。
一年四季都能用來烹調各式各樣的料理，請務必嘗試看看。

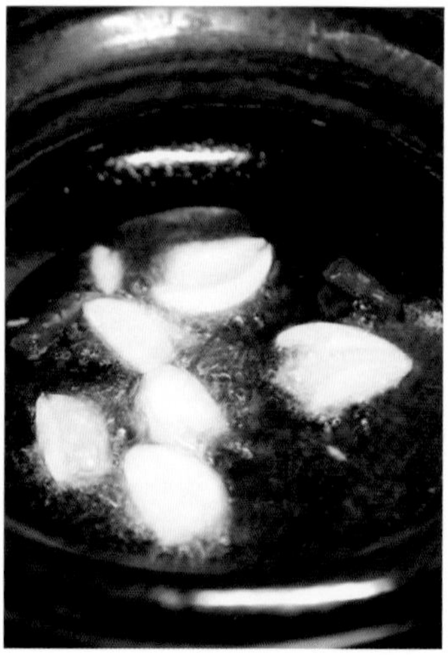

炒

以低溫炒蒜或薑，讓香氣滲入油中，再把爐火調大拌炒蔬菜、肉類或義大利麵等。完成後即可整鍋趁熱端上桌，享受熱騰騰的美味。

烤

把油塗抹在已充分加熱的土鍋裡，再加入肉類或魚煎烤，直到表面帶有香氣四溢的焦痕，食材內部則因土鍋的遠紅外線效果而吃起來鬆軟多汁。若連同土鍋一起放入烤箱，還能做烤雞或焗烤料理。

蒸

在土鍋裡架上蒸盤，打造出深約3cm的空間，然後倒入水就成了蒸鍋。由於受熱和緩，更能帶出食材原有的滋味。牡蠣等海鮮類食材不但能煮得鮮嫩多汁，當季蔬菜也能徹底發揮最天然的美味。

燉

土鍋的導熱穩定，能調整至最適合燉煮的火候。用土鍋燉煮的湯汁滿溢著食材釋出的美味，即便是牛筋或蘿蔔也能燉煮至入口即化的柔軟，又確實入味直抵食材的芯。

炊

用土鍋炊煮出來的米飯帶有光澤，口感更是軟硬適中。炊飯所需時間約30分鐘，只要按照步驟，絕不會失敗。在炊煮完成前若以大火略煮過，則能輕鬆炊煮出帶有鍋巴的米飯。

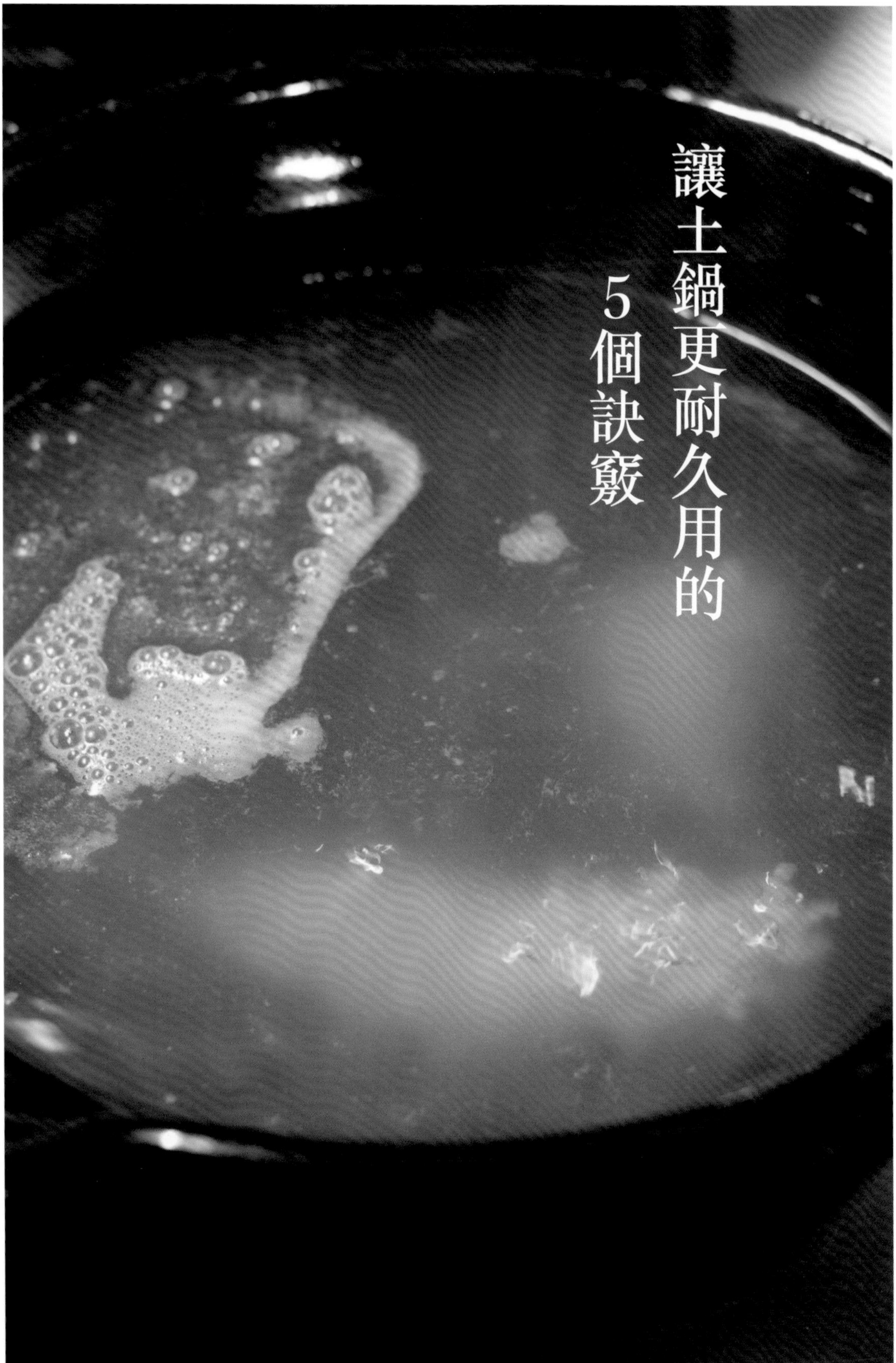

讓土鍋更耐久用的5個訣竅

1 土鍋第一次使用前先煮粥做好養鍋動作

土鍋買回來之後，在正式料理前先煮一鍋粥。由於土鍋帶有貫入紋（釉藥表面的隙縫紋路）或氣泡等，藉由米粒的澱粉質修補，可預防滲水的情況發生。

○粥的煮法

① 以乾布輕拭土鍋上的灰塵，接著倒入約7～8分滿的水。加入3大匙生米，從小火開始煮，再慢慢調溫煮成粥。

② 沸騰後轉成小火，爲了避免燒焦，在攪拌的同時補入適量的水，熬煮約一小時直至呈糊狀，然後熄火。

③ 整鍋靜置24～48小時（夏天粥易腐敗，24小時即可），將粥倒除，並清洗土鍋。拭乾水漬後，倒扣置放使其乾燥。

2 加熱時從較弱的中火開始

土鍋具有加熱時膨脹、冷卻時收縮的特性，在冷卻的狀態下若突然以大火加熱，直接接觸火源的地方會與鍋體其他部分產生極大的溫差，造成龜裂。因此，加熱土鍋的原則是：一開始不能用大火，應以較弱的中火慢慢溫熱整個鍋子。

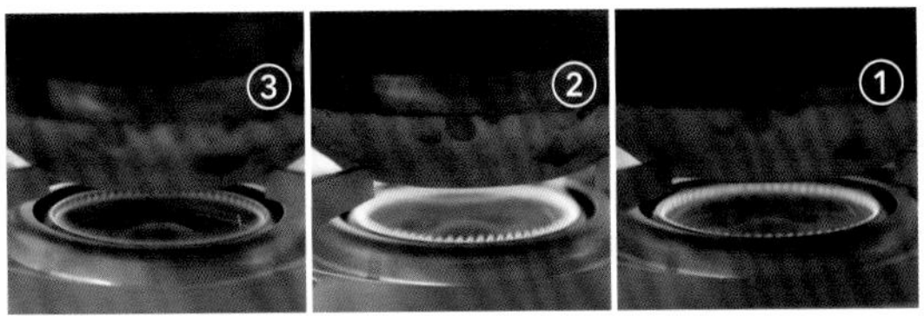

加熱土鍋的火候基本上分爲下列3個階段。無論任何料理都一樣，可以熟記起來。

① 一開始是較弱的中火，以確實溫熱整個鍋子。

② 放入食材後，鍋內的溫度會下降，所以把火轉大。

③ 食材溫熱後，土鍋的餘熱充足，可以將火調小。

3 熱騰騰的土鍋容易造成燙傷

從火爐移取土鍋時，請使用隔熱手套避免燙傷。請勿直接放置桌面，務必使用隔熱墊。若置於報紙或濕抹布上，隔熱體會燙焦，這同時也是釀成龜裂的原因，應加以避免。

4 略降溫後再進行清洗

完成烹調後，請先靜置一會，待土鍋略降溫後再清洗。與加熱時的原理相同，防止因劇烈的溫度變化造成破裂。

5 確實乾燥後再收納

剛開始使用時，水分特別容易滲入鍋內，若髒污不慎連同滲入，容易引發霉味或發霉。因此土鍋在略降溫後應及早清洗乾淨，並拭乾水漬、倒扣乾燥。待完全乾燥後再收納。

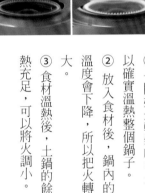

本書所使用的土鍋

本書使用的是伊賀土樂窯所燒製的4款土鍋。
即使家中的土鍋只有一種，也能用來烹調書中介紹的各式美味佳肴。
事實上，每種土鍋都有其獨特的特性和擅長的料理。
市售的土鍋有各種造型與特色，不妨深入了解後，
依照個人的生活習慣或喜好選擇，使用起來能得心應手的款式。

開口黑鍋〔9寸〕

■直徑約29cm×高約15·5cm　■3～4人用

主要用於「主菜料理」、「形形色色的鍋物」的章節中。這種尺寸適用於一般鍋物料理，也廣泛用來做烤物、焗烤、義大利麵、炊飯等，可是說一鍋多用。

燉湯鍋〔7寸〕

■直徑約23·5cm×高約19·5cm　■4～5人用

主要用於「季節湯品」的章節中。這種底深且保溫效果絕佳的土鍋最適合需要慢火熬煮的食材。除了湯品外，也能用來烹調各種美味的燉煮料理。當然，炊飯也適合。

黑鍋〔7寸〕

■直徑約13·5cm×高約12·5cm　■1～2人用

主要用於「下酒菜與小品料理」的章節中。此種尺寸的土鍋不佔空間，最適合用來做約莫兩人份的下酒菜或小品料理。

飯鍋〔小〕

■直徑約19cm×高約14·5cm　■2米杯用

炊飯專用的土鍋。鍋底呈易對流的圓弧形，附加沉重且密合的鍋蓋為其特徵。沉重的鍋蓋能使土鍋內部產生壓力，炊煮出鬆軟彈牙的米飯，而且炊煮所需的時間更短，還能做出香酥的鍋巴。

下酒菜與小品料理

工作結束後，當然要來杯酒好好放鬆一下。
無論是一個人獨自夜酌，或是與誰乾杯共飲，
絕對少不了用土鍋烹調的美味下酒菜。
本章介紹的不是眾人聚會時的料理，
而是兩人小酌時，
可以一邊暢飲一邊輕鬆享用的小品。
每一道都是美酒的良伴！

在西班牙旅行時，隨處可見當地傳統的陶製鍋具。由於造型與日本的土鍋頗為類似，在此遂設計了兩道西班牙蒜味料理。烹調出美味的關鍵是，把食材切大塊，再藉由土鍋的蓄熱力慢慢煮熟。

鮮蝦杏鮑菇西班牙蒜味鍋

1 將杏鮑菇切成一口大小。蝦子在帶殼的狀態下挑除沙筋。蒜頭切半後摘去內芽，以刀背拍碎。撕開鷹爪辣椒、去籽。

2 在土鍋裡加進橄欖油、蒜頭、鷹爪辣椒，以較弱的中火開始加熱。待油溫熱後拌炒2～3分鐘，直到散發香氣（A）。然後放入蝦子略為拌炒，加入白酒，待酒精蒸發後，再放進杏鮑菇一同拌炒。

3 蓋上鍋蓋煮5～6分鐘，並不時掀蓋混拌。待杏鮑菇煮熟後，以鹽調味，撒上巴西利、放入檸檬即可。

A

材料　2人分

全蝦（帶殼、帶頭）　8尾
杏鮑菇　100g
蒜頭　3瓣
鷹爪辣椒　1根
橄欖油　3大匙
白酒　1/4杯
鹽　適量
巴西利（切碎）　適量
檸檬（切半）　1/2顆

櫛瓜雞雜蒜味咖哩鍋

材料 2人分

雞內臟（雞心與雞肝） 200g
牛奶 適量
櫛瓜 1條
蒜頭 3瓣
鷹爪辣椒 1根
橄欖油 3大匙
白酒 1/4杯
咖哩粉 1大匙
鹽 適量

1 雞內臟以流水清洗，並摘去血塊。然後切一口大小，放進足量的牛奶中浸泡5分鐘，以去除腥味。

2 櫛瓜切成一口大小。蒜頭切半後摘去內芽，以刀背拍碎。撕開鷹爪辣椒、去籽。

3 在土鍋裡加進橄欖油、蒜頭、鷹爪辣椒，以較弱的中火開始加熱。待油溫熱後拌炒2～3分鐘，直到散發香氣。放入雞內臟與一小撮鹽一同拌炒（A），待內臟變色後，加入白酒。等到酒精蒸發，再放入櫛瓜拌炒混合。

4 蓋上鍋蓋煮6～7分鐘，並不時掀蓋混拌。內臟熟透後加入咖哩粉混拌均勻，若鹹味不足再以鹽調味。

A

貝類這種加熱後肉質容易緊縮的食材，在火候調節上不免棘手。不過，土鍋最適合烹調像這樣的食材了。即使火候不做細微調整，加熱後的土鍋具有遠紅外線效果，還是能煮出驚人的美味。

蔥炒花蛤

材料　2人分

花蛤（帶殼）　200g

- 鹽（1大匙）溶於水（500㎖），以此浸泡花蛤吐沙。

九条蔥*　3根

*產自京都的一種青蔥。或可用三星蔥代替

蒜頭　2瓣

薑　約拇指的1/2

紹興酒　2大匙

芝麻油　1大匙

辣油　適量

鹽　適量

1 花蛤吐沙後，撒上一大匙（分量外）粗鹽，藉由相互摩擦去除外殼髒污（A），再以清水洗淨。

2 蒜頭切半後摘去內芽，以刀背拍碎。同樣將薑拍碎，但不去薑皮。斜切九条蔥。

3 在土鍋裡放入芝麻油、蒜頭、薑、辣油，以較弱的中火開始加熱。待油溫熱後拌炒2～3分鐘，直到散發香氣（B）。倒進花蛤，轉大火略炒，並加上紹興酒（C）。等到酒精蒸發後，放入九条蔥一同炒拌，蓋上鍋蓋煮5～6分鐘。

4 花蛤開口後以鹽略調味，依喜好淋上辣油。

A

B

C

蒜香奶油番茄章魚

材料　2人分

小番茄　250g

章魚（水煮）　200g

蒜味奶油*　2大匙

A

這道菜特別適合那些急著喝酒、等不及下酒菜上桌的人。因為真的不必久候，這裡使用的是事先做好的蒜味奶油，輕鬆就能完成兩道料理。無論是章魚還是雞胗，土鍋都能煮得軟嫩又美味。

1 小番茄洗淨去蒂。將章魚切成一口大小。

2 把小番茄與章魚平均鋪在鍋裡，然後均勻撒上蒜味奶油（A）。蓋上鍋蓋，以中火加熱10分鐘左右。

3 起鍋後搭配法式長棍麵包享用，也可以加入煮過的義大利麵一同混拌。

＊蒜味奶油（約100g）的作法

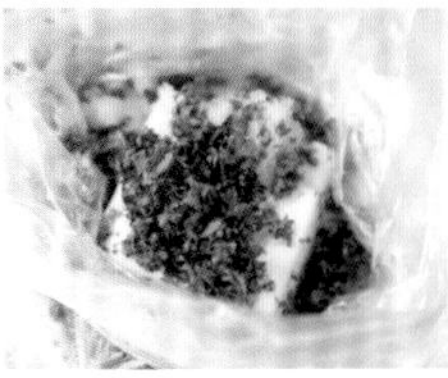

① 取3瓣蒜頭（去內芽，磨成泥）、切碎的巴西利約5大匙、常溫的含鹽奶油100g，然後全放入塑膠袋裡。

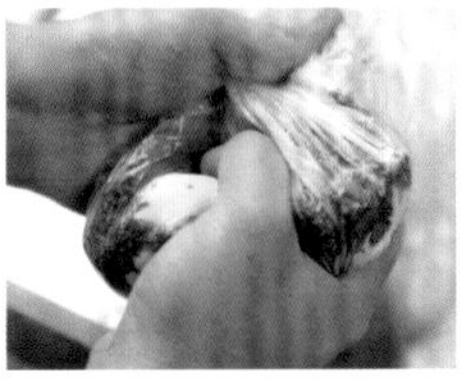

② 用手揉捏，使其充分混合均勻。

③ 將形狀整理成長筒狀後，以保鮮膜包裹放入冰箱冷藏定型。可置於冷凍庫保存，使用時只要切出所需的量即可。

蒜香奶油炒雞胗

材料　2人分

雞胗　200g
　白酒　適量
蒜味奶油＊　2大匙
麵包粉　10g

1 以白酒清洗雞胗，除去腥味，再切一口大小。白色筋的部分較硬，可先在上頭劃出細刀紋（A）。

2 在土鍋裡放進蒜味奶油，以較弱的中火開始加熱，煮至奶油融化（B）。再放入1的雞胗，不加鍋蓋，炒拌10分鐘左右。待雞胗熟了，加入麵包粉，整體略混拌融合。

A

B

洋風肝醬炒北魷

以風味濃郁的內臟調味，是趁熱吃才美味的一道料理。以鹽醃漬內臟後再用油充分炒勻，即能徹底除去腥味。由於土鍋具有絕佳的保溫效果，剩餘的醬汁還能拿來混拌義大利麵。

材料　2～3人分

北魷　大的1隻
　鹽　1小匙
蒜頭　2瓣
鷹爪辣椒　1根
白酒　50
橄欖油　1大匙
鹽　適量
巴西利（切碎）　適量
檸檬　適量

義大利麵

- 蘆筍　4根
- 細扁麵　80g
- 奶油　1大匙

1 選購新鮮的北魷，將觸腕連同內臟一起拔除，取出肝臟。將鹽均勻地撒在肝臟上（A），放入冷藏靜置一小時（以去除多餘水分、消除腥味）。去除嘴與眼睛後，身體的部分切1cm寬的輪狀，觸腕則切易入口大小（B）。

2 蒜頭切半後摘去內芽，以刀背拍碎。撕開鷹爪辣椒、去籽。

3 把橄欖油、蒜頭、鷹爪辣椒放入土鍋裡，以較弱的中火開始加熱。待油溫熱後拌炒2～3分鐘，直到散發香氣。清洗1的內臟去除鹽分，略拭乾水分後，以剪刀剪開，加進鍋裡（C）。然後以鍋鏟一邊壓碎一邊炒出香氣，拌炒約2～3分鐘，再加入白酒，整體混拌融合。

4 加進北魷後，轉大火，拌炒均勻（D）。最後以鹽調味，撒上巴西利，享用時再擠上大量的檸檬汁。

A

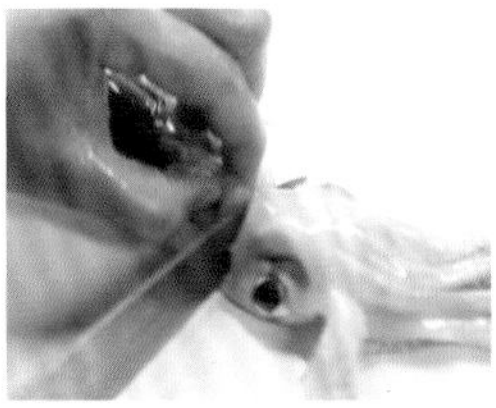
B

C

D

用剩餘的醬汁做義大利麵

1 削去蘆筍根部的硬皮，切成3～4cm長。取另一只鍋子，煮沸加鹽的水後，放入細扁麵與蘆筍（在麵起鍋前2分鐘再加進蘆筍，讓兩者可以一同起鍋）。

2 將煮好的細扁麵與蘆筍瀝乾水分後，放入土鍋裡，與剩餘的洋風肝醬充分混拌（若醬汁變冷，可用中火加溫）。再加入奶油混拌均勻，最後以鹽調味，擠上大量的檸檬汁。

這是家母經常做的福森家家常菜。土鍋能徹底引出高麗菜的甜味，讓人忍不住一口接一口。而且作法簡單，更是這道料理的迷人之處。

蒸高麗菜滑蛋

材料　2人分

高麗菜　200g
蛋　2顆
鹽　1/2小匙
橄欖油　適量
胡椒　適量

1 高麗菜洗淨後切成較寬的條狀，鋪放在土鍋裡，然後撒上鹽（A），蓋上鍋蓋，以較弱的中火開始加熱，蒸煮3分鐘。待高麗菜表面冒出水氣，撥出小凹槽的空間，將蛋打入（B）。

2 蓋上鍋蓋再煮2～3分鐘，讓蛋煮至自己喜歡的熟度。撒上橄欖油與胡椒後，一邊混拌一邊享用。

A

B

材料　2人分

雞絞肉　100g
蓮藕　30g
薑　約拇指的1/2
酒　1小匙
鹽　1/4小匙
太白粉　1大匙
芝麻油　1大匙
蘿蔔泥　適量
蛋黃　2顆

醬汁

酒　2大匙
醬油　1小匙
味醂　1小匙
實山椒　1小匙

A

B

煎烤雞肉丸

因為喜愛雞肉丸子的淡雅美味，我平時就常做這道菜。以土鍋慢火煎烤，肉質反而不會乾澀，更顯得鮮嫩多汁。

1 蓮藕去皮後，切成碎末。淋醬的材料混合備用。

2 在大碗或料理盆裡放入雞絞肉，用手攪拌，加上鹽後再度攪拌。接著加進蓮藕、薑、酒、太白粉充分混合。

3 在土鍋裡倒入芝麻油，以較弱的中火開始熱油。手心抹上芝麻油（分量外）後，將雞絞肉捏出4等分的扁圓形，放入土鍋煎烤（A）。待邊緣泛白、表面帶有焦色即翻面，然後蓋上鍋蓋，煎烤2～3分鐘。等到顯現焦色後，來回淋上醬汁（B），讓雞肉丸子充分吸收醬汁。

4 享用時沾裹蘿蔔泥與蛋黃。

炸起司雞胸肉排

這道料理不用腿肉，而是選用易乾澀且味淡的雞胸肉，更能烹調出美味。送進嘴裡，肉汁與起司的美味頓時滿溢口中。風味清爽不膩，更難得的是雞胸肉竟能如此柔嫩多汁，請務必嘗試看看。

材料　2～3人分

雞胸肉　1塊（200g）
低熔點起司　適量
蛋　1顆
高筋麵粉　適量
麵包粉　1/2杯
乾燥香草（依個人喜好）　1大匙
橄欖油　3大匙
鹽、胡椒　適量

1 將常溫的雞胸肉切成5cm的塊狀，起司切成適當大小。在雞胸肉較厚的一側用刀劃出縫隙，塞入起司（A．B）。然後在兩面撒上鹽和胡椒。

2 混合乾燥香草與麵包粉，鋪在盤子上。蛋打散備用。將1的雞胸肉依序裹上高筋麵粉、蛋汁、麵包粉等。

3 在土鍋裡倒入橄欖油，調至中火，把雞肉放進已溫熱的油中，並讓每塊雞肉都能貼著鍋底（C）。等到略呈焦色後即翻面，煎烤至兩面成金黃色（D）。然後切開看看，若起司已融化，即可熄火。

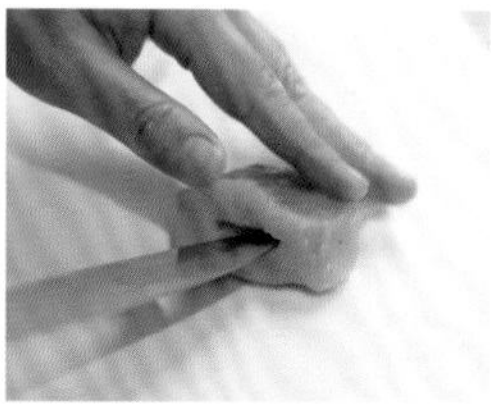
A

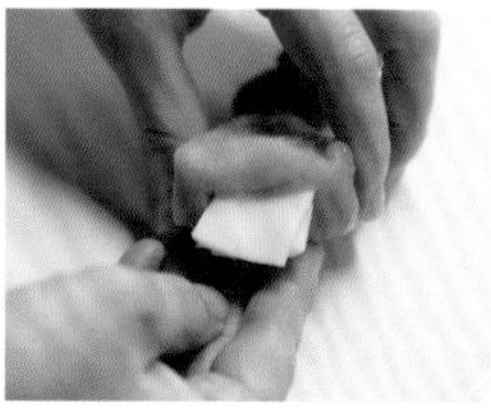
B

C

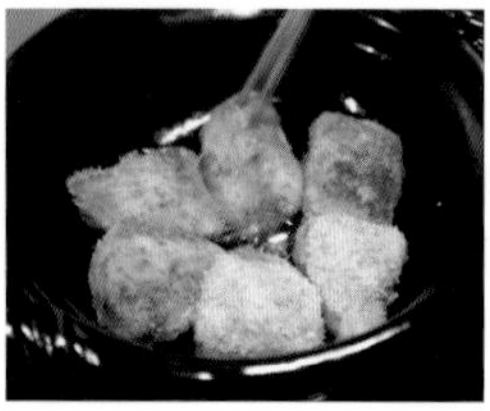
D

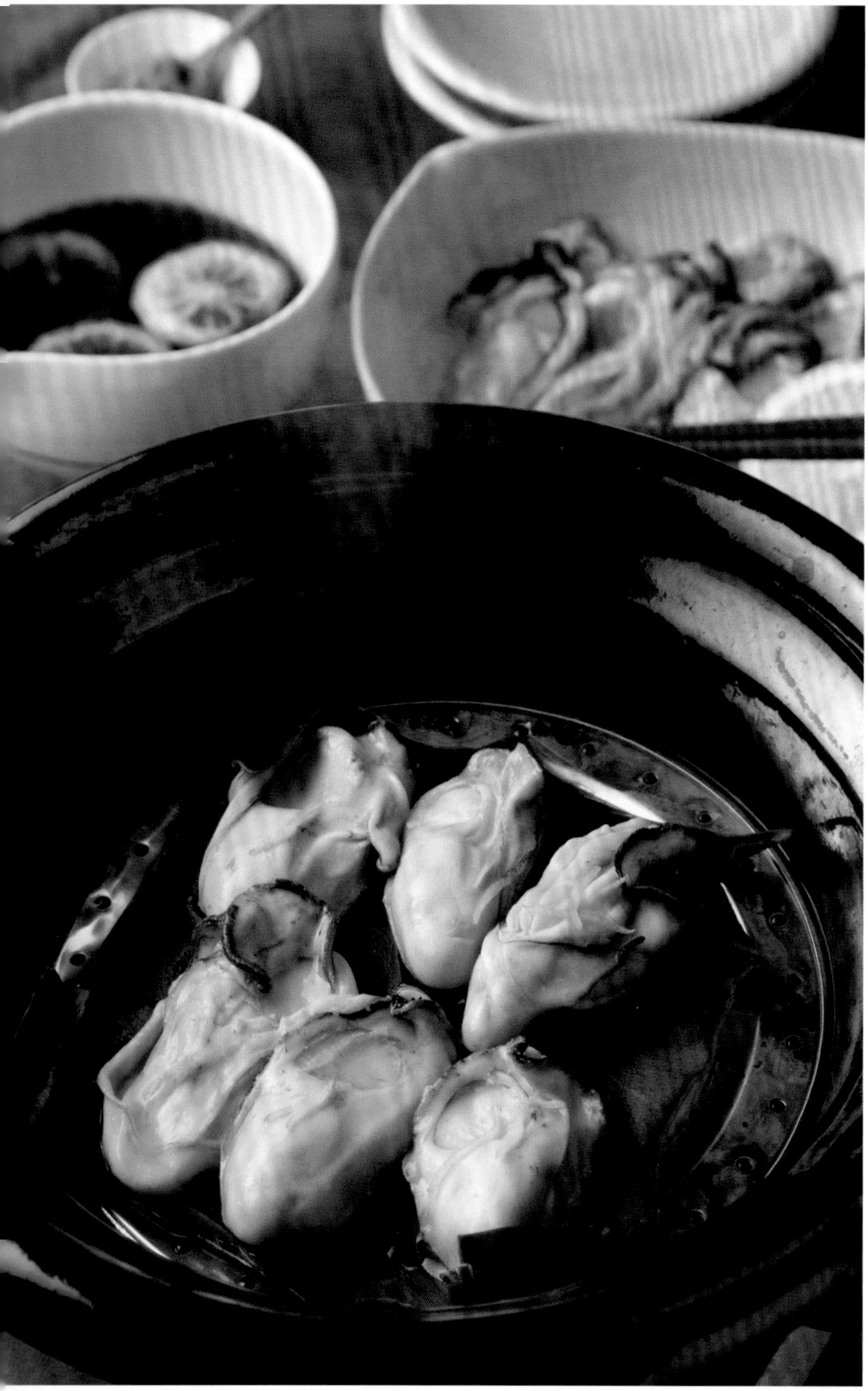

嫩蒸牡蠣

材料　2人分

牡蠣（生食用）　200g
　太白粉　適量
　酒　1大匙
昆布　10 cm
香柚皮　適量
酸橘酢（ポン酢）＊、
　柚子胡椒　適量

＊Ponzu，一種含有柑橘類果汁的日式沾醬。市面上添加了昆布、醬油、砂糖等的「ポン酢醬油」，有時也簡稱為ポン酢。

A

B

只要一片網架，土鍋也能輕鬆變蒸鍋。為了避免牡蠣緊縮變硬，在烹調前先淋上酒是料理的美味關鍵，如此才能蒸出鮮嫩Q彈的口感。

1 用太白粉搓揉牡蠣（A），以活水清洗2～3次、去除髒污與腥味後，淋酒備用。將香柚皮切成細絲。

2 在土鍋裡放入蒸煮用的網架，倒入不淹過網架深度的水，再將昆布鋪在網架上（B）。加上鍋蓋，開中火。

3 沸騰後，把1的牡蠣排在昆布上，撒上香柚皮。再蓋上鍋蓋蒸煮約一分半鐘，若牡蠣鼓起就代表熟了。請沾酸橘酢與柚子胡椒一同享用。

鹽烤毛豆

材料　方便調理的分量

毛豆　100g

鹽　1大匙

不加水直接烹調的鹽烤毛豆，比起水煮的毛豆風味更強烈且濃郁。豆子還留有嚼勁，很適合搭配啤酒享用。

1 用水清洗毛豆後，撒鹽搓揉，並靜置30分鐘。

2 將毛豆放進土鍋裡，蓋上鍋蓋，以中火加熱。5分鐘後打開鍋蓋，略微混拌。然後蓋上鍋蓋，加熱5分鐘，再掀開混拌。再度蓋上鍋蓋，5分鐘後待毛豆熟了，即可熄火。

土鍋最適合用來做必須維持略沸騰狀態的起司鍋了。待起司完全融化後，將火候調整在小火即可。吃剩的起司還可以搭配喜歡的食材做成美味的焗烤料理。

藍紋起司鍋

材料　方便調理的分量

披薩用起司　100g
藍紋起司　50g
麵粉　1大匙
牛奶　1杯

1 在披薩用起司與藍紋起司上撒麵粉。

2 把牛奶倒入土鍋裡，以較弱的中火加熱至約身體肌膚的溫度。然後放進一半的1，一邊混合一邊煮至融化（A）。融化後再放入剩餘的起司，再煮到融化。

3 以麵包、蔬菜或水果沾裹起司享用。

A

季節湯品

我認為湯品是一種能夠品嚐到食材所蘊含的美味的料理。既能讓疲累的腸胃得到歇息，同時足以療癒身心，不僅限於寒冷的季節，一年四季都是餐桌良伴。不過若以大火猛煮，往往會使得難得的風味盡失。所以烹調湯品的鐵則是，慢火與耐心。

海鮮熬煮出來的高湯真是令人難以置信的美味！選用當季易取得的海鮮數種，即可烹調出超乎想像的鮮美湯頭。魚頭或蝦頭都是讓湯頭美味的元素，請務必添加進來。

法式馬賽魚湯

材料　3～4人分

鱈魚（切片）　150g
鱈魚（魚頭）　100g
全蝦（帶殼、帶頭）　6尾
花蛤　150g
- 浸泡在加鹽（1大匙）的水（500㎖）裡吐沙。

烏賊　中的1隻
蒜頭　2瓣
西洋芹　200g
橄欖（黑）　10顆
高湯（昆布）　5杯
白酒　1/4杯
橄欖油　2大匙
番紅花　1大匙
- 以溫水（2大匙）泡開。

鹽　適量
巴西利（切碎）　適量

1 將鱈魚肉與魚頭等切成大塊。蝦子在帶殼的狀態下挑除沙筋。在花蛤上撒一大匙粗鹽（分量外），藉由相互摩擦去除外殼髒污，再用水洗淨。把烏賊的觸腕連同內臟一起拔除，再將已去除內臟、嘴和眼睛的烏賊身體切成1cm寬的輪狀，觸腕也切成易入口的大小。

2 蒜頭切半後去芽，以刀背拍碎。西洋芹去粗筋，切成5cm長。

3 在土鍋裡加進橄欖油、蒜頭，以較弱的中火開始加熱。待油溫熱後，拌炒2～3分鐘，直到散發香氣。然後放入蝦子炒過（A），接著加進烏賊充分炒勻。

4 倒入白酒、高湯與西洋芹，並蓋上鍋蓋。煮滾後取出昆布，並撈去湯汁裡的雜質（B）。

5 放入鱈魚、花蛤、橄欖、番紅花，再燉煮10分鐘左右。待花蛤開殼，以鹽調味，撒入巴西利。

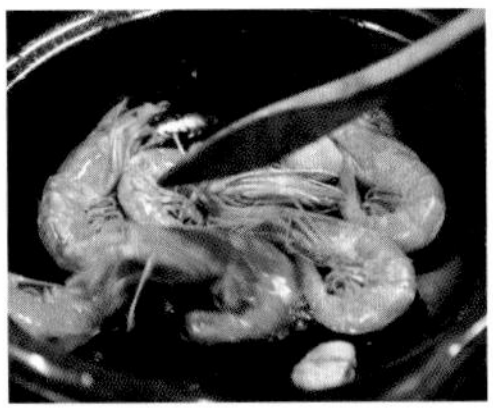
A

B

蕪菁雞湯

冬季至春季這段時間是蕪菁最美味的季節，而土鍋最擅長烹煮以單純食材做成的湯品了，可以徹底釋放出食材的風味。

1 蕪菁切半後去皮，並將根部洗淨。

2 把雞翅、蕪菁、水（1ℓ）、酒、昆布放入土鍋裡（A），加上鍋蓋，以中火加熱。待沸騰後取出昆布，撈去湯汁裡的雜質，再蓋上鍋蓋，以湯汁得以略滾動的火候再煮15分鐘左右。待蕪菁煮軟，最後以鹽調味。

A

材料　3～4人分

蕪菁　4顆

雞翅中段　200g

昆布　1片

酒　2大匙

鹽　1/2～1小匙

材料　3～4人分
冬瓜　500g
薑　約2個拇指大小
高湯（昆布、柴魚片）
　5杯
鹽　適量

薑片冬瓜湯

適合夏季炎熱之日的湯品。薑辛辣的風味搭配冬瓜的清爽淡雅，即使涼了再喝也美味，是一道能預防中暑、驅走暑氣的湯品。

1 將冬瓜切成一口大小，並厚厚削去一層外皮。薑則帶皮切成薄片。

2 在土鍋裡加進高湯、冬瓜、薑等，以中火加熱（A）。接著蓋上鍋蓋煮一個半小時，並不時調整火候，讓湯汁維持在略微滾動的狀態。待冬瓜煮軟了，再以鹽調味。

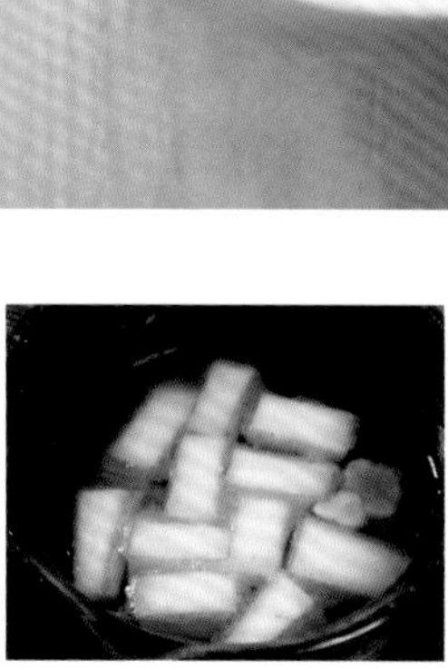

A

醃漬酸莖菜豬肉湯

材料　3～4人分

豬五花肉片　200g
醃漬酸莖菜　90g
白菜　300g
冬粉（乾）　30g
紹興酒　2大匙
高湯水（昆布）　6杯
鹽　適量
芝麻油　適量

1 將豬五花肉片切成1cm寬，醃漬酸莖菜與白菜則切成塊狀。

2 在土鍋裡鋪上白菜，再依序放入肉片、醃漬酸莖菜（A）。然後，加入高湯與紹興酒，加上鍋蓋，以中火開始加熱。過程中不時掀蓋攪拌，待沸騰後轉小火，煮至肉片熟透。

3 以鹽調味，再加入冬粉略混拌（B）。最後滴上芝麻油。

A

B

中國北方料理常以醃菜入湯，嚐過之後覺得好吃，所以我也仿效研發了一道料理。不僅酸味夠，吃起來清爽，據說還能消除疲勞。我用醃漬酸莖菜取代酸白菜，也非常美味。

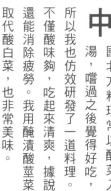

田裡總是栽種著當季的蔬菜。

簡單的日常菜

在土樂，我們會在田裡培育稻米、栽種蔬菜。每年依往例，年輕的窯場工匠會一起播種、收成，因爲製作土鍋與食器的我們更應該親自體驗美味的米飯或蔬菜是如何生產出來的，我認爲這一點非常重要。

每天我和窯場的夥伴們一同享用午餐，烹調時盡可能簡單，但該花心思時也絲毫不馬虎，盡力做出發揮食材既有風味的料理。

各種蔬菜的幼苗都非常美味。

製作土鍋時也依循自然，
趁晴天趕緊拿到庭院進行日曬程序。

以鐮刀豪邁地割下長得粗壯的
里芋莖，可用來做成明年的肥料。

帶有泥土芳香的里芋，
以土鍋炊煮更加黏滑好吃。

在香柚盛產的季節，
可以用來搭配肉類或魚類等各種食材。

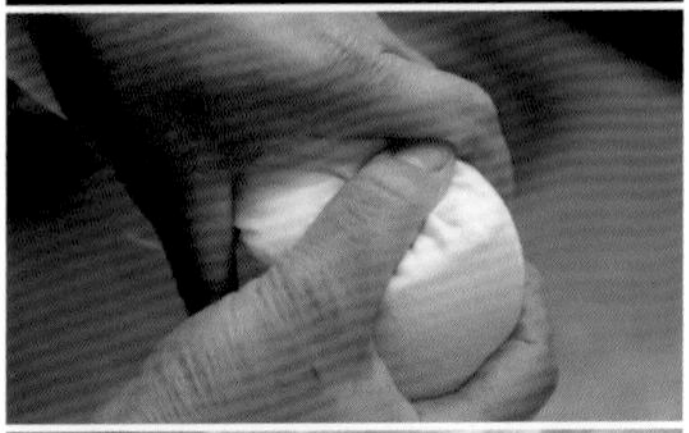

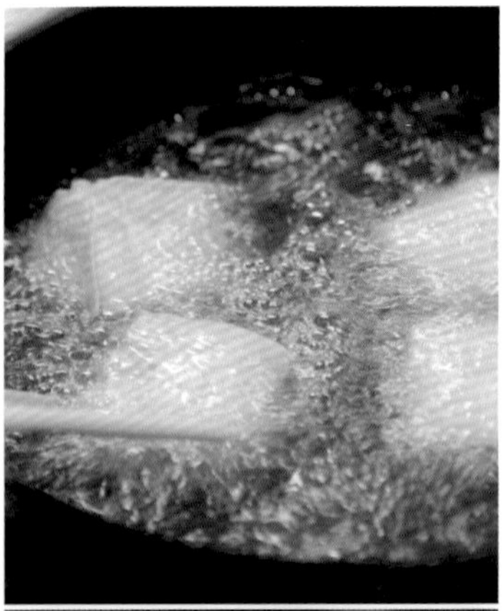

3種手作炸豆腐

在福森家，我們都是親自動手做厚炸豆腐，其實遠比起想像中來得簡單且美味。

準備好木棉豆腐，厚炸的切成厚度5cm，薄炸的切成2cm。然後，用厚的廚房用紙包裹，上方則以砧板加上水盆重壓，靜置約一小時瀝乾水分。若想炸得酥脆一點，可以將一塊5cm厚的木棉豆腐以廚房用紙包裹，並用力擰去水分。

油炸時從130℃的低溫開始，再慢慢調高溫度，把厚炸與薄炸的豆腐炸至金黃色。起鍋後，垂直排列在廚房用紙上以吸去多餘的油分。最後再將擰乾水分的豆腐下鍋油炸，炸至酥脆後同樣擺放在廚房用紙上去除油分。

烤厚炸豆腐與季節蔬菜

用水火爐輕鬆做碳烤，厚炸豆腐與季節蔬菜也能烤得香氣四溢。水火爐的架設方法是，最下方的陶器先裝入適量的水（A），再架上未上釉的陶盆，放進已燒紅的炭後（B），最上面放上烤網或土鍋等烹調器具。這道料理搭配的配料有5種，可依喜好沾取享用。

B

A

炸豆腐佐柴魚醬油

在剛炸好的薄炸豆腐上，撒上滿滿的蔥末與柴魚片，然後淋上日式醬油。豆腐不事先切塊，大口咬下，美味隨即在口中迸發開來。

酥炸脆豆腐與水菜沙拉

水菜切成適當長度，連同酥炸脆豆腐放入料理盆中，加入1：1的醋與日式醬油混合拌勻。在炸得香酥的豆腐襯托下，水菜吃起來顯得更加美味。也可添加些許薑泥混拌。

A 柚子風味醬油
日式醬油1大匙・
柚子汁1小匙・
柚子皮細絲少許・
一味粉（辣椒粉）少許

B 鹽味檸檬蔥油
切碎的白蔥2大匙・
太白芝麻油1大匙・
檸檬汁1大匙・鹽1小匙

C 亞洲風味醬油
日式醬油1大匙・
醋1大匙・辣油1小匙・
隨意切碎的香菜2大匙

D 茗荷蘿蔔
薄切的茗荷*一根的量・
蘿蔔泥1大匙

E 紅薑納豆
切碎的紅薑1大匙・
納豆1盒・日式醬油1小匙・
蔥末1大匙

＊茗荷又稱蘘荷，一種日本生薑，可在日系超市購得。

芝麻拌菠菜

在菠菜的根部劃出十字刀紋，洗淨後氽燙。煮軟後取出，用手擰乾水分，切成適當的長度，再次擠壓去除多餘水分。研磨缽裡放入許多炒過的芝麻，磨碎後加入日式醬油3：味醂1：酒1混合，最後與菠菜一同混拌。

剩餘的芝麻拌菜

芝麻拌菜是出身京都的家母常做的菜肴，剩餘的芝麻拌菜拿來拌飯，更是我們自小的最愛，也是姊妹常爭相搶食的一道料理。只要在研磨缽裡添入溫熱的米飯，一邊使勁地從缽底溝槽刮下拌醬渣，一邊讓米飯充分混拌剩餘的芝麻拌菜即大功告成。

主菜料理

無論是平常和家人用餐，
或是邀請親密朋友一起聚會，
一道土鍋烹調的主菜料理肯定能讓餐桌增色不少。
每回打開鍋蓋的瞬間，氣氛也來到最高潮！
以土鍋烹調的料理不易冷卻，
直到最後都能品嚐到美味，賓主盡歡。

義式番茄水煮魚

這道豐盛美味的料理看似烹調不易，其實意外的簡單。每次在料理教室示範時，總能贏得大家的喜愛。將剩餘的湯汁加熱，以鹽和胡椒調味，放入煮好的義大利麵一同混拌，也非常好吃。吃的時候還請留意魚刺。

材料　3～4人分

魚（鯛魚、黃雞魚等）
　中型2尾
鹽　2小匙
花蛤　150g
• 浸泡在加鹽（1大匙）的水（500㎖）裡吐沙。
鯷魚醬　1小匙
小番茄　5顆
番茄乾　大的3顆
　白酒　1/2杯
橄欖（綠）　10顆
酸豆（續隨子）　2大匙
蒜頭　3瓣
橄欖油　3大匙
百里香　1～2片
月桂葉　1片

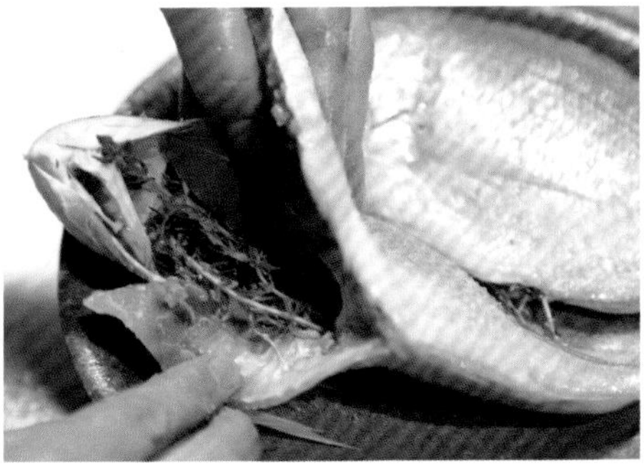
A

1 花蛤吐沙後，撒上一大匙（分量外）的粗鹽，藉由相互摩擦去除外殼髒污，再以清水洗淨。拿掉魚腮及內臟後洗淨，在魚身兩面撒上鹽，然後將百里香及月桂葉塞入魚腹中（A）。

2 以白酒浸泡番茄乾，泡軟後切大塊。蒜頭切半後摘去內芽，以刀背拍碎。

3 在土鍋裡放入橄欖油與蒜頭，以較弱的中火開始加熱。等到散發蒜香，加入鯷魚醬一同拌炒。接著，將魚下鍋煎至單面焦黃（爲了避免蒜頭燒焦，可將蒜頭移至魚上．B）。

4 放入花蛤、整碗的白酒泡番茄乾，並撒上小番茄、橄欖、續隨子，蓋上鍋蓋蒸烤約10分鐘，讓花蛤煮熟。等到魚也煮熟時即完成。

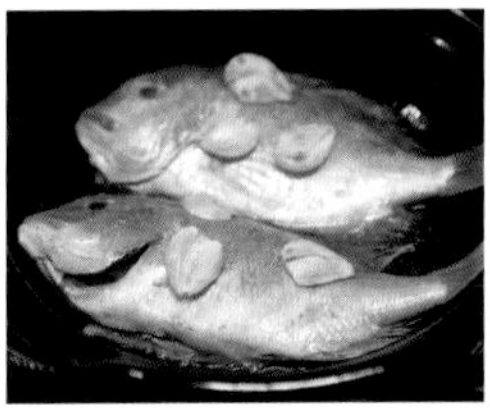
B

烤雞腿肉

材料　3～4人分

雞腿（帶骨）　一隻（500g）
　蒜頭　2瓣
　橄欖油　1大匙
　鹽　1又1/2小匙
　胡椒　1小匙
綠花椰　1顆
小番茄　10顆
橄欖油　1大匙

A

1 蒜頭切半後摘去內芽，以刀背拍碎。綠花椰分切成小朵洗淨。

2 雞腿肉撒上鹽、胡椒後，以蒜頭塗擦雞肉，連蒜頭一起放入食物夾鏈袋中，滴入橄欖油。然後從袋外搓揉使雞肉入味，靜置常溫一小時（A）。

3 在土鍋裡倒入橄欖油，以較弱的中火開始加熱。待油溫熱後，雞皮那面朝下入鍋。若感覺黏鍋即推動雞肉，並用鍋鏟壓著使其緊貼鍋底，煎出焦色。待上色後，隨即翻面，兩面都煎得酥脆後取出（B）。

4 接著放入綠花椰拌炒，沾裹鍋裡雞肉滲出的油。再把雞肉放回鍋裡（C），加入小番茄及夾鏈袋裡剩餘的醃醬。

5 將土鍋移離爐火，放入250℃的烤箱中，先加上鍋蓋烤10分鐘，然後打開鍋蓋烤10分鐘。以竹籤刺雞肉較厚的部分，倘若滲出血水，需要再烤10分鐘左右。若流出的透明湯汁，即大功告成。

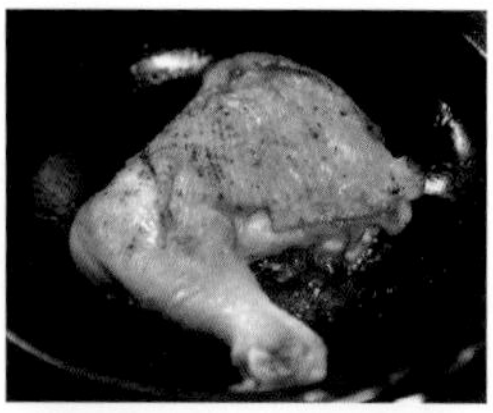

B

C

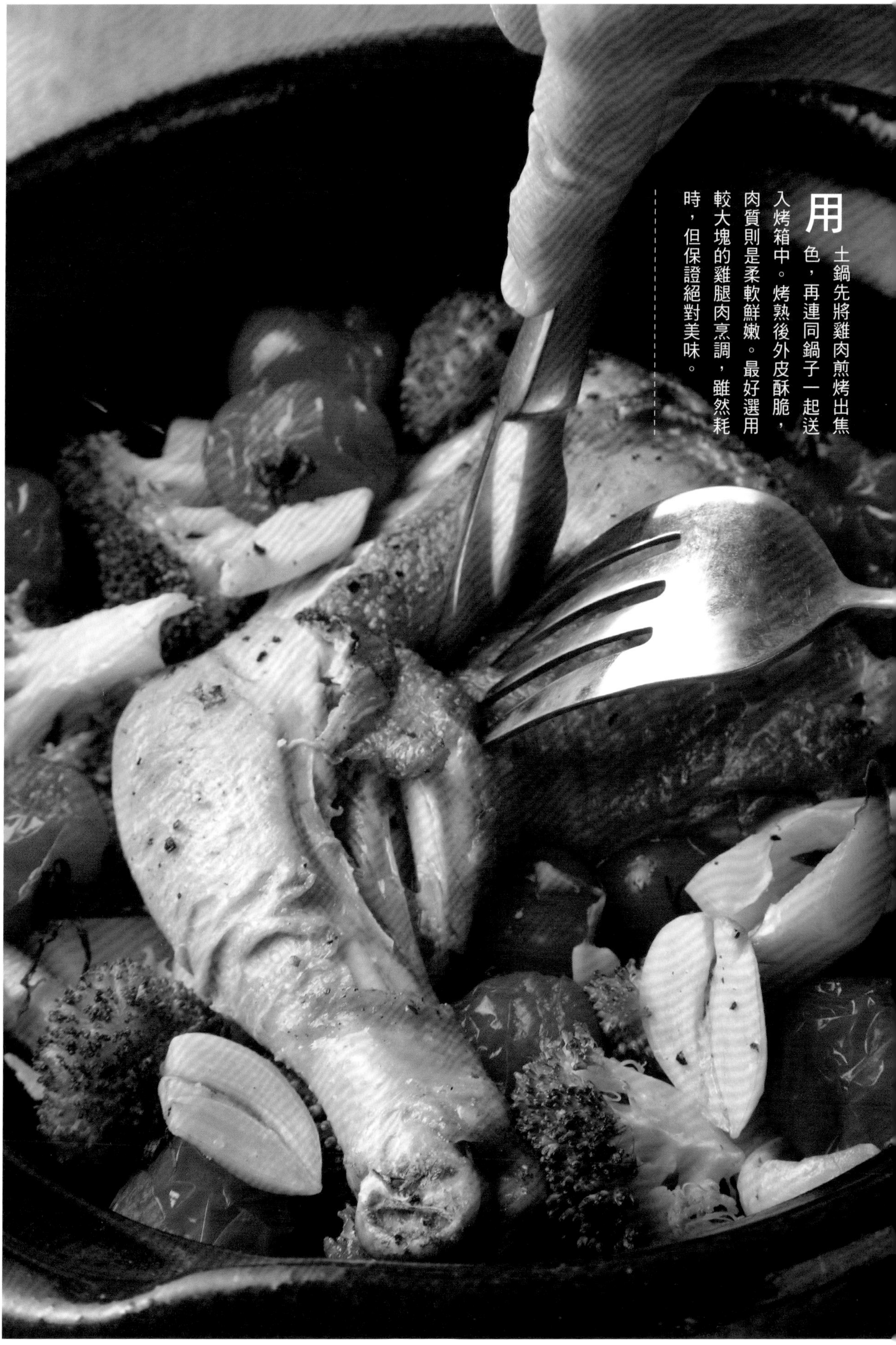

用土鍋先將雞肉煎烤出焦色，再連同鍋子一起送入烤箱中。烤熟後外皮酥脆，肉質則是柔軟鮮嫩。最好選用較大塊的雞腿肉烹調，雖然耗時，但保證絕對美味。

這道料理不用高湯，僅加水燉煮。鹹豬肉濃郁的風味加上蔬菜的鮮美，除了能熬煮出讓人難以言喻的美味湯頭，還能攝取到豐富的纖維質。作法十分簡單，只要將全部的食材下鍋煮到熟透即可。

鹹豬肉蔬菜鍋

A

材料　3～4人分

鹹豬肉　500g＊
馬鈴薯（五月皇后）　2顆
紅蘿蔔　1根
蕪菁　2顆
西洋芹莖部　2根
西洋芹葉子　1根的量
月桂葉　1片
鹽　適量
黃芥末籽　適量

B

1 將鹹豬肉置於水龍頭水下略清洗，然後拭去水分，切成一口大小。

2 馬鈴薯不去皮直接切半。紅蘿蔔切成3cm的長條，修去稜角。西洋芹去粗筋，切成5cm長。蕪菁則切半後去皮，並將根部洗淨。

3 在土鍋裡加入1・2ℓ的水、鹹豬肉、馬鈴薯、紅蘿蔔、西洋芹的葉子、月桂葉，開中火（A），加蓋煮30分鐘。然後取出西芹葉，待馬鈴薯煮至八分熟，再放進西洋芹的莖與蕪菁，煮到熟透（B）。最後以鹽調味，搭配黃芥末籽一起享用。

＊鹹豬肉的作法

將豬上肩肉（梅花肉）500g放進食物夾鏈袋中，再加上鹽與乾燥香草各一大匙，從袋外搓揉使其入味。然後靜置常溫3小時。

※氣溫較高的夏季，最好放入冰箱冷藏半天左右。

材料　3～4人分
花椰菜　1顆
馬鈴薯（男爵）2顆
蓮藕　150g
蕪菁　小3顆
白醬
奶油　3大匙
麵粉　5大匙
牛奶　3杯
鹽　2/3小匙
披薩用起司　50g
麵包粉　1大匙

白醬焗烤冬季蔬菜

用冬季盛產的蔬菜做出清爽的焗烤料理。先將蔬菜燙過，加上白醬後送進烤箱，只要一個土鍋就能輕鬆完成。

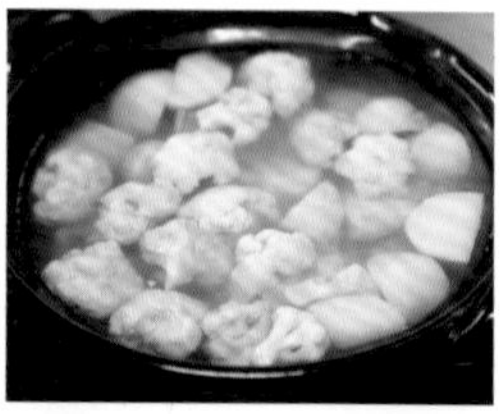
A

B

C

D

1 花椰菜分切成小朵洗淨，馬鈴薯、蓮藕、蕪菁削皮後，切成一口大小。馬鈴薯、蓮藕泡水備用。

2 在土鍋裡加入水與少許的鹽（分量外），以中火加熱，放入馬鈴薯及蓮藕。煮熟後，加進花椰菜與蕪菁煮至八分熟左右（A），起鍋置於瀝水器瀝乾水分。然後略清洗土鍋，並徹底拭乾水漬。

3 以較弱的中火溫熱土鍋，將奶油加熱至融化後，倒入麵粉一同拌炒，需避免炒焦（B）。然後暫時熄火，倒入全部的牛奶（C）充分混合。再用較弱的中火加熱，並不時以木鏟攪拌均勻，待煮滾並帶有稠度時（D），加鹽調味。

4 加入水煮蔬菜，讓蔬菜充分沾裹白醬。鋪上一層披薩用起司，撒上麵包粉（E），送進250℃的烤箱烤至呈焦色。

E

這道菜其實是親子丼的主食材。若要分別做一人份的親子丼，不僅製作不易，也容易變涼。用土鍋一次做足分量，大家就能趁熱享用蛋汁軟滑的親子丼。

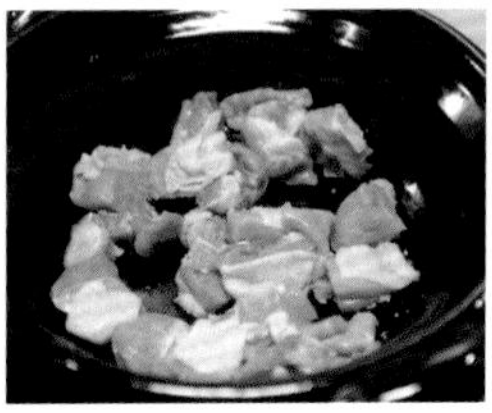

A

B

C

洋蔥雞肉親子煮

1 將常溫的雞腿肉切成一口大小，洋蔥切成1cm寬的輪狀。雞蛋打散後，加入鹽與胡椒攪拌均勻。

2 以較弱的中火溫熱土鍋後，雞腿肉的皮朝下放入鍋內（A），煎炒至雞肉滲出油脂，然後撒入少許的鹽。

3 加入洋蔥一同拌炒（B），待整體充分裹上滲出的雞油後，倒入酒。接著加入高湯，以鹽、醬油調味。煮滾後轉極小火。

4 把蛋汁來回淋在食材上（C），蓋上鍋蓋靜置一分鐘左右。待蛋汁略凝固後，盛放在米飯上，撒上一味粉或七味粉。

材料　4～5人分

雞腿肉　1塊（200g）

洋蔥　中型2顆

蛋　8顆

　鹽　2/3小匙

　日式醬油　1/2小匙

高湯（昆布・柴魚片）　1杯

酒　2大匙

鹽・胡椒　適量

米飯　適量

一味粉・七味粉　適量

清燉干貝蘿蔔

材料　3～4人分

乾干貝　20g

白蘿蔔　中型1根

昆布　5㎝

水　5杯

酒　2大匙

鹽　1小匙

日式醬油　適量

味噌沾醬

- 味噌　2大匙
- 味醂　1大匙

香柚皮（切細絲）　少許

土鍋最擅長的就是烹煮出蔬菜的美味。搭配鮮美的乾干貝一起燉煮，可以讓冬季盛產的白蘿蔔味道更加甜美。

1 白蘿蔔洗淨削皮，切成5cm長後，縱切成四塊，削去稜角。

2 在土鍋裡放入白蘿蔔、乾干貝、水、酒、昆布，以中火加熱（A）。沸騰後取出昆布，加入鹽，蓋上鍋蓋，讓火候保持在湯汁略滾動的狀態繼續燉煮。

3 待蘿蔔煮軟後，加日式醬油調味，再煮5分鐘左右。關火，靜置約30分鐘，使其冷卻入味。混合味噌沾醬的材料，撒上香柚皮，做爲蘿蔔的沾醬。

A

油豆腐煮里芋

里芋不用水先煮過是這道料理美味的關鍵。直接下鍋，得以完整呈現里芋既有的風味。

1 里芋削皮。油豆腐過熱水去油，爲了讓油豆腐容易入味，切成斜塊。茼蒿則切易入口長度。將柴魚片放入茶包袋裡。

2 在土鍋裡放入里芋、水、酒、昆布，蓋上鍋蓋，以較弱的中火開始加熱。沸騰後取出昆布，蓋上鍋蓋，讓火候保持在湯汁略滾動的狀態，待湯汁變少時再加水，煮到里芋變軟爲止。

3 里芋煮軟後加入鹽，然後把柴魚包浸入湯汁裡。一分鐘後取出柴魚包，加入日式醬油，放入油豆腐再煮5分鐘左右（A）。最後放入茼蒿，撒上柚子皮。

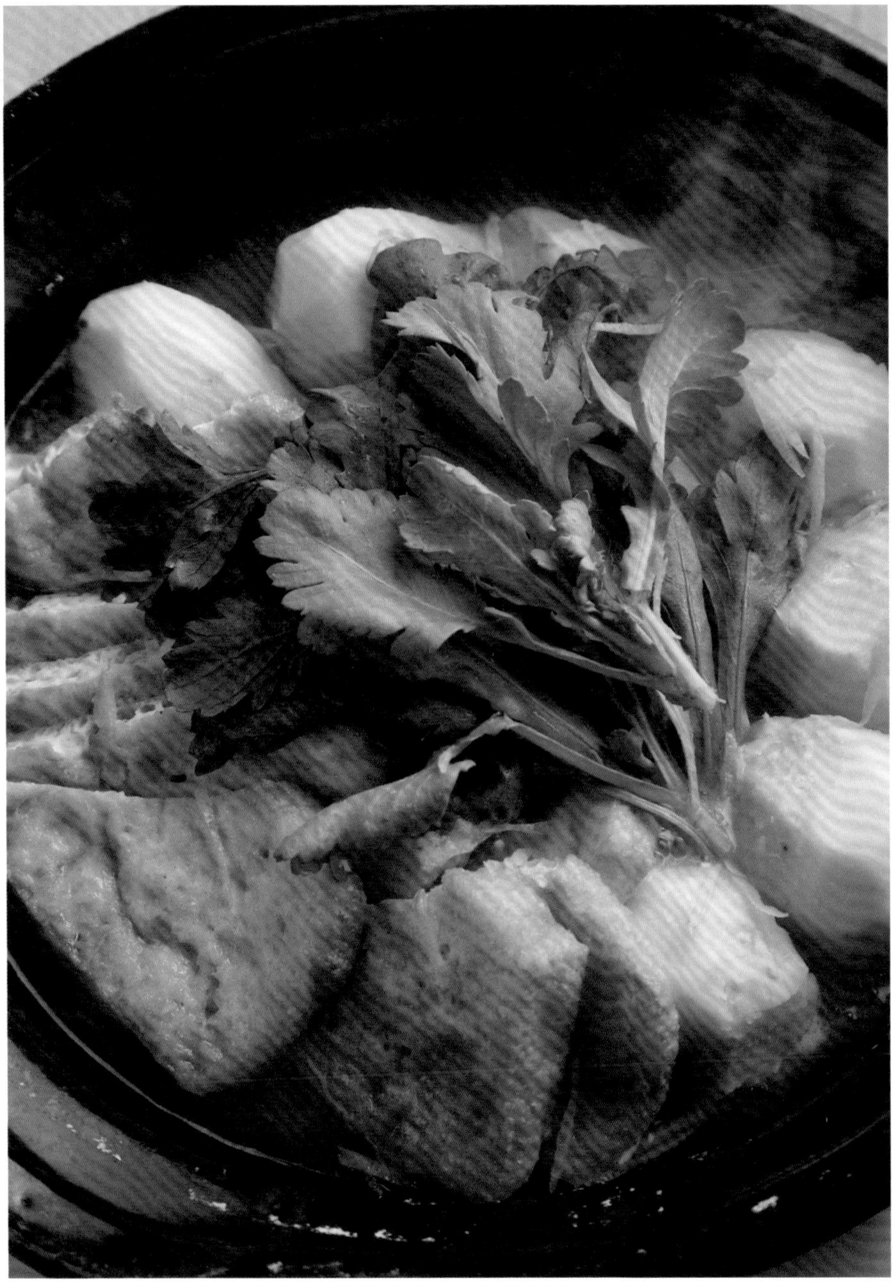

材料　3～4人分

里芋（削皮）　500g
油豆腐（厚）　4塊
茼蒿　1/2把
昆布　1片
柴魚片　15g
水　4杯
酒　2大匙
鹽　1小匙
日式醬油　1小匙
香柚皮　適量

A

牛筋需要事先燙過以去除雜味，算是較為麻煩的食材，不過美味的程度值得耗費時間與心力處理。土鍋可以將牛筋煮得軟嫩而不膩口，請務必試試。

A

B

C

洋蔥燉煮牛筋

1 薑不削皮，切半後以刀背拍碎。在土鍋裡放入牛筋肉、薑、酒，然後加水淹過食材，開中火加熱（A）。沸騰後倒掉煮水（B），再以熱水洗去雜質（C）。去除牛筋多餘的脂質後，切成一口大小。

2 剝去洋蔥皮，在尾端劃上十字刀紋。蒜頭與薑則切半，以刀背拍碎。

3 在土鍋裡放入6杯水、牛筋肉、洋蔥、蒜頭、薑、昆布、酒、月桂葉（D）。蓋上鍋蓋，開中火，待沸騰後取出昆布，並讓火候保持在湯汁微滾動的狀態，煮30～40分鐘。

4 待牛筋煮軟，最後以鹽、日式醬油調味。

材料　4人分

牛筋肉　500g
　薑　約拇指大小
　酒　2大匙
洋蔥　中型4顆
蒜頭　1瓣
薑　約拇指大小
昆布　1片
月桂葉　1片
酒　1/4杯
鹽　1小匙
日式醬油　1大匙

D

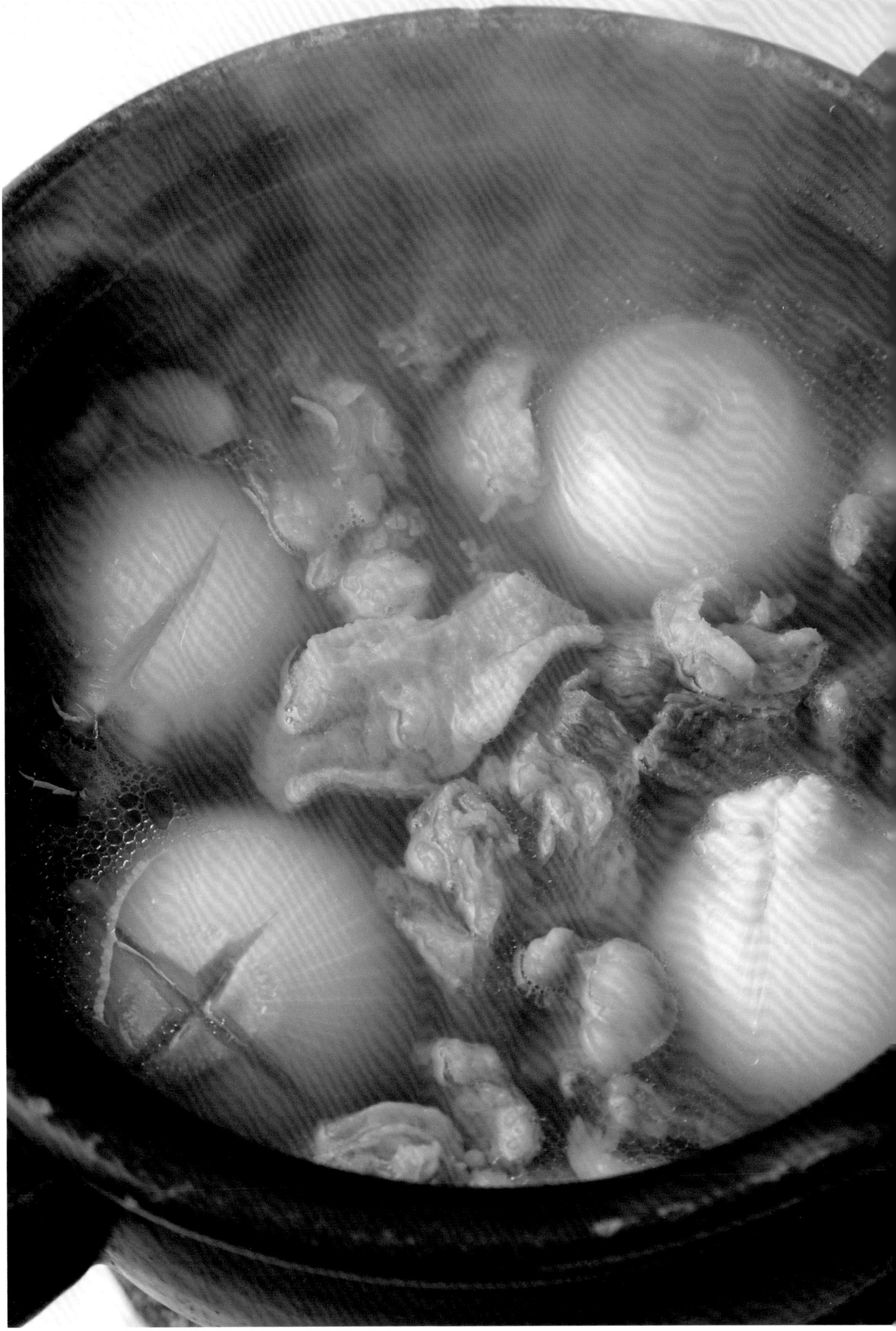

特製麻婆茄子

這道料理美味的祕訣是，夏季蔬菜切成大塊後，放入土鍋裡與香料一同慢煮。味道雖然辛辣，卻是營養滿分的夏季開胃菜。可以淋在飯上或拌麵，都非常美味。

材料　3～4人分
茄子　2根
櫛瓜　1根
豬五花肉片　100g
韭菜　5根
蒜頭　1瓣
薑　約拇指的1/2
太白芝麻油　2大匙
芝麻油　1大匙
豆豉　1又1/2大匙
甜麵醬　1大匙
紹興酒　2大匙
雞高湯　1杯
太白粉　1/2大匙
辣油　1小匙
花椒　1小匙

A

1 將茄子與櫛瓜的外皮削成條紋狀，再切成2cm寬的輪狀。茄子泡水去除雜質。豬五花肉片則略切過。蒜頭與薑切碎，韭菜切1cm寬。

2 在土鍋裡倒入太白芝麻油，以中火加熱，然後放進茄子、櫛瓜炒至呈焦黃色（A）。待八分熟後，關火，取出放在盤子上。

3 在土鍋裡放入芝麻油、蒜頭、薑，利用鍋子的餘熱炒2～3分鐘，直到散發香味（B）。然後加入肉片，再開火，以中火炒至肉片轉色，放入豆豉、甜麵醬拌炒均勻。接著加入紹興酒略炒，再倒入雞高湯，蓋上鍋蓋燜煮。

4 煮滾後，淋上太白粉水（以1大匙水攪開），調出湯汁稠度，再把茄子與櫛瓜放回鍋中略煮。起鍋前淋上辣油，撒上韭菜與花椒。

B

土樂咖哩

材料　3～4人分

豬肋排　300g

咖哩粉　1大匙

鹽　1/2小匙

杏鮑菇　100g

櫛瓜　1根

黃椒　2顆

洋蔥　中型1顆

馬鈴薯（男爵）　中型1顆

番茄　大的1顆

蒜頭　1瓣

薑　約拇指大小

雞高湯　4杯

白酒　1/4杯

鹽　1小匙

橄欖油　適量

咖哩醬

橄欖油　2大匙

綜合辛香料　1大匙

小茴香　1/2大匙

肉桂粉　1/2小匙

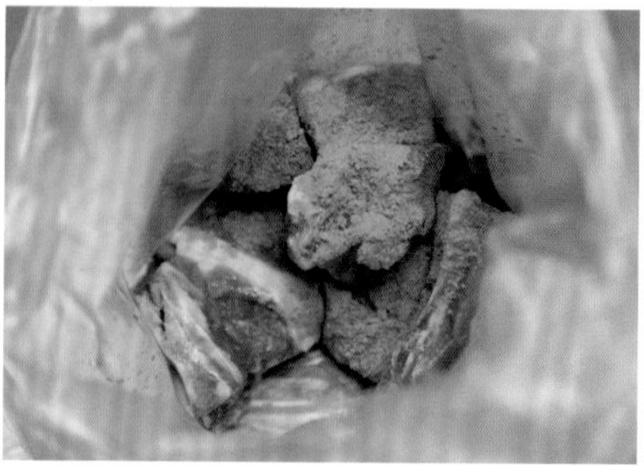

A

這是我家特製的咖哩，裡頭有大塊的豬肋排與滿滿的蔬菜。由於不使用市售的咖哩塊，油脂較少，可以減輕對腸胃的負擔。

1 把豬肋排放入食物夾鏈袋中，加入咖哩粉、鹽（A）。然後從袋外搓揉，使其確實入味。杏鮑菇切大塊，櫛瓜切1cm寬的輪狀，黃椒同樣切成大塊。將洋蔥、馬鈴薯、番茄分別磨成泥，蒜頭與薑則切碎。

2 在土鍋裡倒入橄欖油，以較弱的中火開始加熱。待油熱後放入肋排，緊貼鍋面煎出焦色（B）。充分上色後翻面再煎，煎至兩面焦黃，關火，取出肋排。

3 待2的土鍋略冷卻，利用剩餘的油以小火炒蒜頭與薑2～3分鐘，直到散發香氣。接著放入杏鮑菇、櫛瓜、黃椒、洋蔥，轉中火拌炒，再依序放入白酒、番茄，拌炒至水分略收乾。加入雞高湯與2的肋排，煮到沸騰後加鹽。蓋上鍋蓋，並不時掀蓋攪拌，燉煮15分鐘左右。

4 等到蔬菜煮軟，加入馬鈴薯充分混拌（C）。

5 取一小型平底鍋，放入橄欖油、綜合辛香料（Garam masala）、小茴香、肉桂粉，開小火，以小火慢炒至散發香氣（D）。然後倒回土鍋裡，整體混拌均勻。

B

C

D

簡易的清雞湯作法

可能有些人會覺得自製雞高湯太累人，但實際動手製作之後，就會發現辛苦是值得的。可以多煮一些冷凍保存，煮湯或鍋物等料理即可隨時取用。

材料　容易製作的分量

雞骨架　2隻的量
長蔥（綠色部分）　2根的量
薑　約拇指大小
昆布　10㎝
酒　1/4杯

1 在土鍋裡放入雞骨架與足量的水，以中火加熱（A），沸騰後把煮水倒掉。

2 在水龍頭下清洗雞骨架，去除內側的內臟或脂質（B）。

3 把2的雞骨架放回入土鍋裡，加入水2ℓ、長蔥、薑、昆布、酒，以較弱的中火開始加熱。5分鐘後待土鍋溫熱，再把火轉大，煮至沸騰時取出昆布，並細心撈出雜質。然後調成小火，蓋上鍋蓋燉煮約一小時。

A

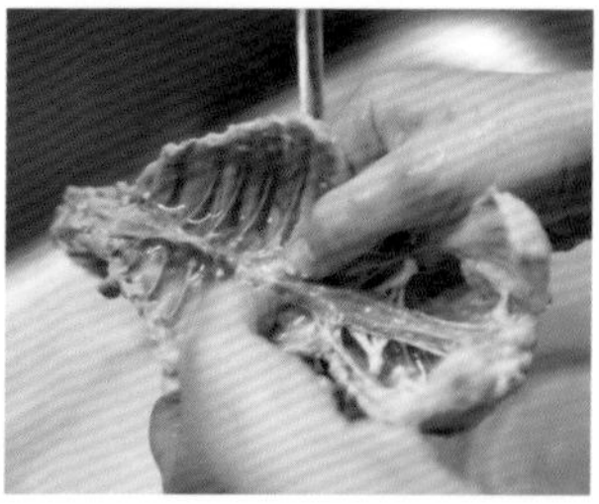

B

形形色色的鍋物

在我家，鍋物料理不是冬天的專屬品。選用當季的新鮮食材，一整年都能享用。除了在土鍋中加入高湯與食材的燉煮料理外，也可依肉類、蔬菜、雜炊等的享用順序做成涮涮鍋，多嘗試幾次，就能準確掌握火候與鍋子的溫度，讓土鍋料理更加豐富，也讓樂趣隨之倍增。

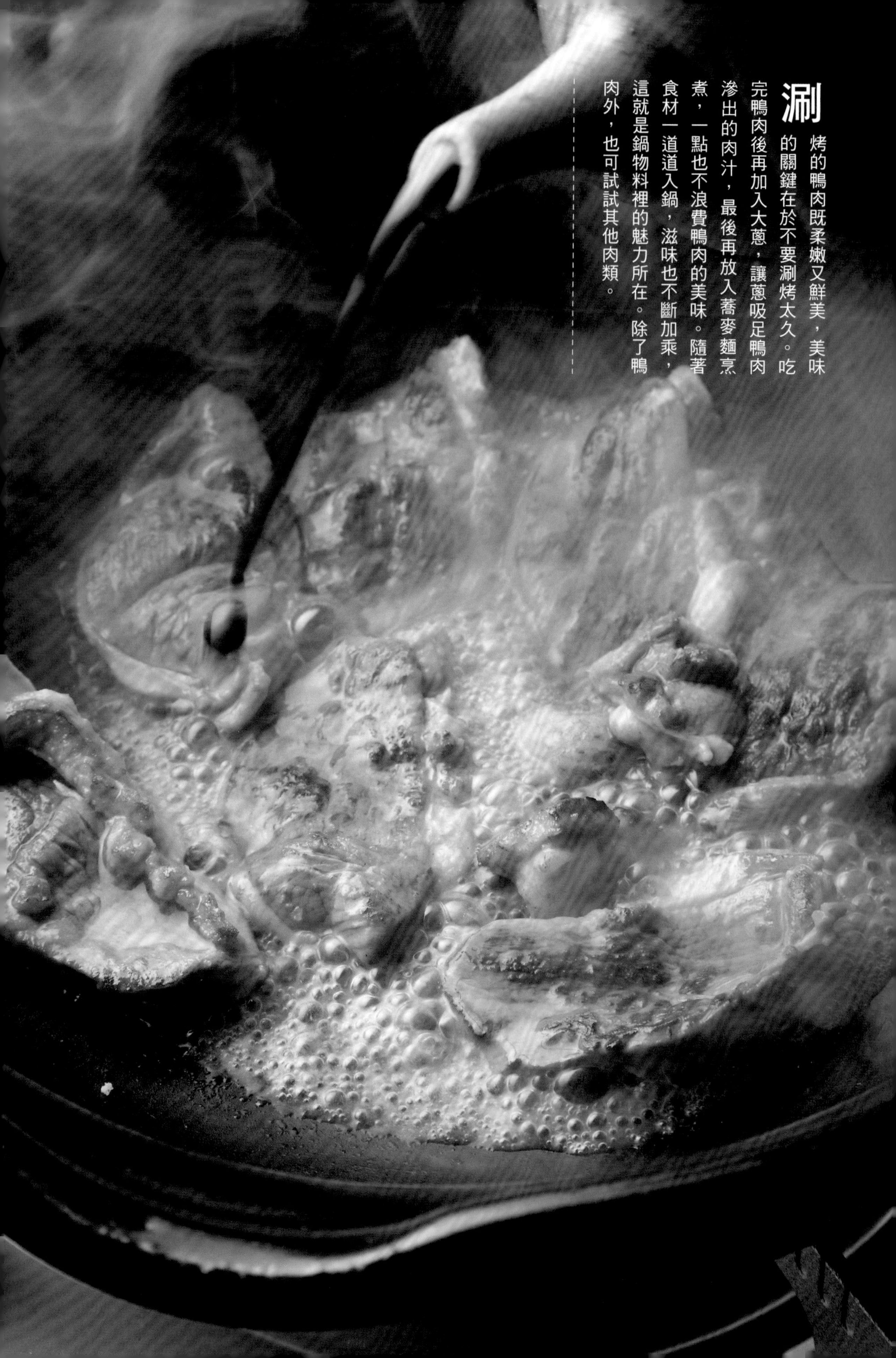

涮烤的鴨肉既柔嫩又鮮美，美味的關鍵在於不要涮烤太久。吃完鴨肉後再加入大蔥，讓蔥吸足鴨肉滲出的肉汁，最後再放入蕎麥麵烹煮，一點也不浪費鴨肉的美味。隨著食材一道道入鍋，滋味也不斷加乘，這就是鍋物料裡的魅力所在。除了鴨肉外，也可試試其他肉類。

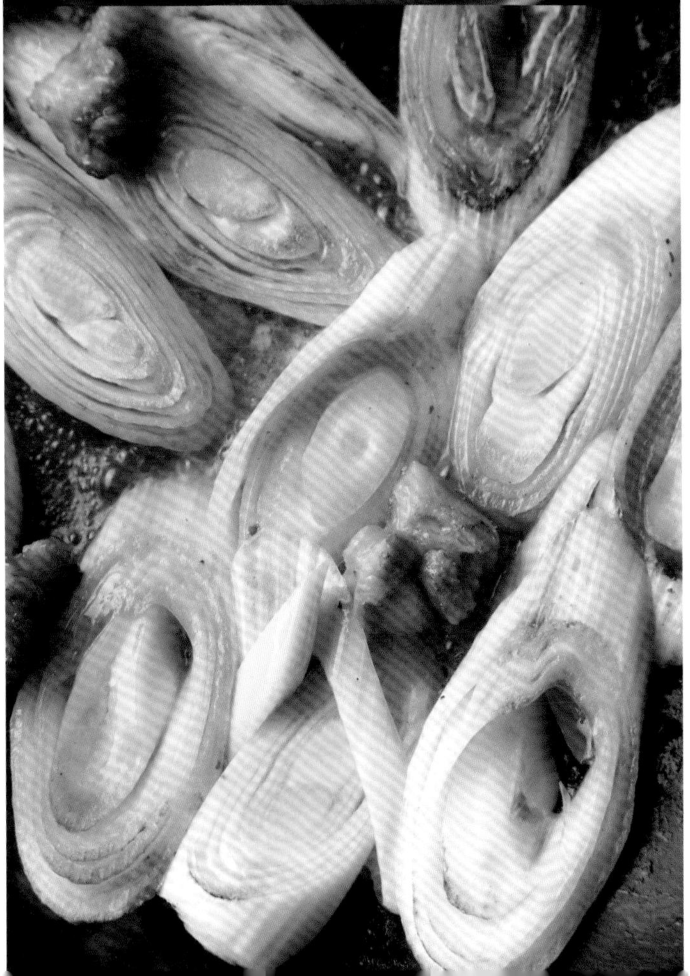

涮烤大蔥鴨片

材料　3～4人分

合鴨肉　1塊（400g）
合鴨脂肪　適量
長蔥　1根
酒　3大匙
日式醬油　少許

鴨南蠻*醬汁

高湯（柴魚片、昆布）　4杯
酒　1大匙
鹽　1小匙
日式醬油　1/2小匙

蕎麥麵（乾）　100g
山椒、七味粉、香柚皮　適量

＊南蠻（なんばん）在日本料理中指的是長蔥。

涮烤合鴨的作法與吃法

1 將合鴨肉削切出5mm的厚肉片。取蔥條白色部分斜切成厚片，綠色部分則斜切薄片。蕎麥麵不煮到全熟，略帶硬度即撈起瀝乾水分。混拌鴨南蠻醬汁備用。

2 以較弱的中火加熱土鍋，至鍋緣冒出熱氣。取合鴨脂肪沿鍋緣塗抹，讓油滲出（A）。脂肪不取出，直接放入鴨肉，並撒上一撮鹽（分量外）（B）。把火略轉小些，讓鴨肉緊貼鍋底，待兩面煎烤至焦色後，再加入適量的酒與日式醬油（C）調味。

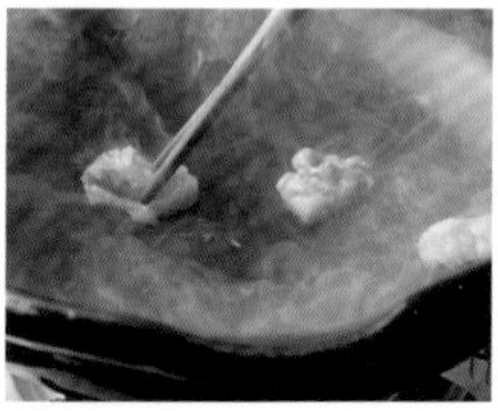
A

B

C

D

3 取出鴨肉，將蔥條白色部分鋪在鍋裡有醬汁的地方，烤至呈焦色後翻面（D），若水分收乾，再添入適量的酒。讓蔥吸足鴨肉的醬汁後再享用。留下些許鴨肉與蔥，搭配蕎麥麵收尾。

E

F

G

4 將剩餘的鴨肉與蔥條白色部分放入土鍋涮烤，加入鹽、酒、日式醬油（皆分量外）調味（E）。然後倒入鴨南蠻醬汁（F），待醬汁溫熱後放入煮過備用的蕎麥麵（G），再鋪上蔥條綠色部分。享用時佐以山椒、七味粉、香柚皮。

品牌故事

在不鏽鋼鍋具問題橫生的時代，陶鍋重新竄起健康養生風。傳統燉煮中藥會特別選用陶瓷，這是因為陶鍋加熱時產生的遠紅外線，能加強中藥抗氧化作用，抑制不利健康的自由基產生，提升中藥的藥效。如今，用陶鍋來烹調食物，更符合養生健康概念，不僅能使鍋內食材快速均勻加熱，營養成分不易流失。比起金屬湯鍋烹煮出來的食物，滋味更多了一份溫潤。

高品質鍋具

五福窯業生產的養生湯燉鍋，不同於傳統灌漿法，將混合耐熱土的瓷土，採用機器油壓法製成，不但成型速度更快，多了一道「真空土歛機」的程序，讓陶鍋整體密度一致，品質更加穩定。更通過國內安全性檢驗，讓燉煮更安心。

大肚量好鍋，不須養鍋還能乾燒

養生湯燉鍋是一個很好相處的鍋：第一次使用時，不需要特別養鍋，耐熱範圍從－5到600℃，也可乾燒烤地瓜，烤出來地瓜香甜又可口；陶鍋鍋蓋上方的洞，能促進鍋內的熱對流，蓄熱性良好，關火後繼續悶煮，能省下燃料費，利用熱能繼續烹調，省錢又環保。
它的冷熱差異穩定性高，從瓦斯爐上拿到水槽沖洗冷水，或從冰箱取出直接加熱，都不用擔心碎裂。使用後味道不易殘留，用菜瓜布洗刷，也不會有刮痕。加上融合傳統和現代的造型設計，釉色上用咖啡黑色，風味古樸，造型上卻拉高拉寬，仿效金屬湯鍋造型，獨樹一幟。
近年，五福窯更獲得經濟部「協助傳統產業技術開發計畫（CITD）」專案補助，積極投入研發，促進產業升級與轉型，改變生產線品項，瞄準大型、精緻化的餐具，並致力於研發自有品牌，期待能夠根留臺灣，打響五福窯的名聲，讓更多人認識與使用臺灣好陶鍋。

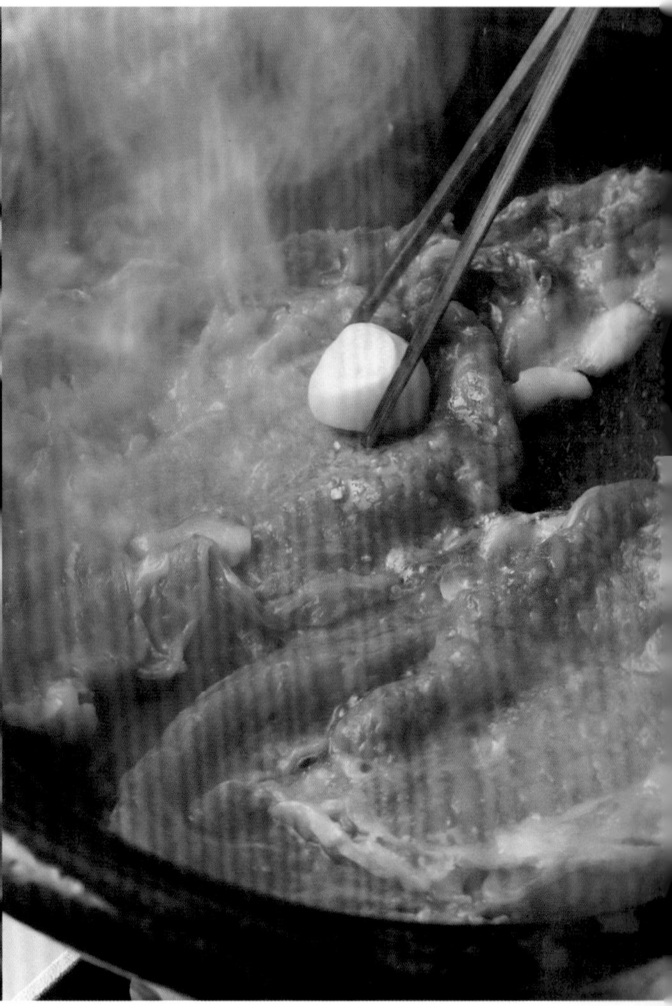

鹽味牛肉壽喜燒

品嚐過牛肉的美味後，再放入適合搭配肉類的清脆豆芽菜，最後以加了許多胡椒的炒飯做為結尾。簡單的食材就能做出如此美味的鍋物料理。

材料　3～4人分

牛肉片（壽喜燒用）　300g
牛脂肪　適量
蒜頭　2瓣
豆芽菜　1袋
米飯　1～2碗的量
鹽、胡椒、日式醬油　適量

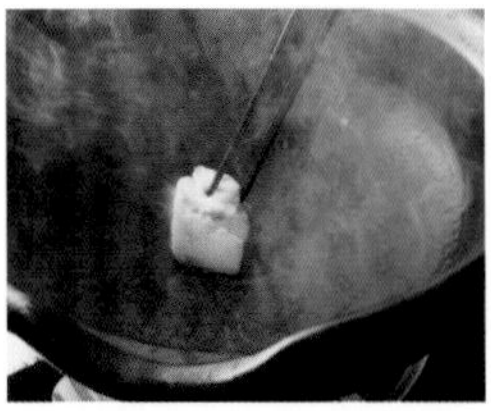
A

B

1 蒜頭橫切半，豆芽菜洗淨後瀝乾水分。

2 以較弱的中火加熱土鍋，至鍋緣冒出熱氣。取牛脂肪沿鍋緣塗抹，油脂滲出（A）後，火候略轉小，將牛肉鋪於鍋裡，撒入一撮鹽（分量外）（B），再用蒜頭切口塗抹肉片以增添香氣（C）。肉片翻面後略微炙燒即可，別烤得太熟。

3 將牛肉取出，直接放入豆芽菜拌炒（D），以鹽及胡椒調味。享用時不妨預留一些牛肉與豆芽菜，做爲收尾的炒飯之用。

4 預留的牛肉與豆芽菜再回土鍋拌炒，加進溫熱的米飯（E）。利用木鏟將食材充分炒拌均匀，最後以鹽、胡椒、日式醬油調味（F）。

C

D

E

F

適合夏天，也是我獨創的清爽鍋品，使用的是有趣的「高湯冰塊」。享用時以肉片捲住香味滿溢的蔬菜，如此淡雅的湯頭，在無食欲的酷暑日喝來依舊美味。

夏季牛肉茗荷鍋

B

1 在高湯裡加入鹽、酒、日式醬油，取1/3的量放入製冰容器，做成高湯冰塊備用。

2 西洋芹去粗筋，斜切成薄片。茗荷切半，順著纖維切薄片。

3 將1剩餘的2/3高湯倒入土鍋，以較弱的中火開始加熱，保持溫熱即可（沸騰會使香氣蒸發，得小心留意）。在碗裡放入高湯冰塊，再從鍋裡取少量的溫高湯倒入。

4 在土鍋裡加入適量的西洋芹與茗荷（A），然後放入牛肉略燙過。以肉片包裹西洋芹與茗荷（B）盛進碗中，沾辣油一起享用。

材料　3～4人分

牛肉片（薄切的腿肉）　300g
西洋芹　3根
茗荷　6個
高湯（柴魚片、昆布）　4杯
　鹽　1又1/2小匙
　酒　2大匙
　日式醬油　1小匙
辣油　適量

貝類豆乳鍋

材料　3～4人分

牡蠣　120g

花蛤　150g

蛤蜊　中6個

- 花蛤與蛤蜊浸泡在加鹽（1大匙）的水（500㎖）裡吐沙。

雞腿肉　200g

蕪菁　小型3顆

綠花椰　1/2顆（150g）

高湯（昆布）　3杯

豆漿　2又1/2杯

黃身醬油

- 蛋黃　2顆
- 柴魚片　5g
- 日式醬油　1/4杯
- 酒　2大匙

這是我在貝類盛產的初春常做的料理。風味淡雅的鍋物，佐以黃身醬油提味。不過若煮得太滾，貝肉易脫離，還是得留意。

1 取太白粉（分量外）搓揉牡蠣，用活水清洗2～3次，以去除髒污與腥味。在花蛤與蛤蜊上撒一大匙粗鹽（分量外），藉由相互摩擦去除外殼髒污，再用水洗淨。雞腿肉則切成一口大小。

2 蕪菁切半後去皮，洗淨根部。綠花椰菜分切成小朵洗淨。蕪菁與綠花椰略燙過備用。

3 把黃身醬油的材料放入大碗或料理盆中充分混拌均勻，過濾後備用。

4 在土鍋裡倒入高湯、豆漿，以中火加熱，待湯汁溫熱後放入雞腿肉。接著放入蛤蜊、花蛤，蓋上鍋蓋並調整火候，在不過度沸騰的狀態下繼續加熱。待貝類開殼，再放入牡蠣、蕪菁、綠花椰。熟了之後，淋上蛋身醬油。

韓式梭子蟹鍋

以充分引出梭子蟹鮮味的高湯燉煮各種蔬菜。由於加了韓式辣醬，辛辣的湯頭很適合搭配用來收尾的泡麵。

材料　3～4人分

梭子蟹　2隻
　紹興酒　2大匙
白菜　1/4顆（200g）
白蘿蔔　200g
金針菇　100g
韭菜　1把
蒜頭　2瓣
泡麵　1～2人份
高湯（昆布）　4杯
太白芝麻油　2大匙

韓式辣醬

苦椒醬（紅辣椒醬）　3大匙
信州味噌　2大匙
魚露　1/2大匙
醬油　1/2大匙
鹽　1/2小匙

1 用水清洗梭子蟹，切成適當大小，並淋上紹興酒。蒜頭切半後摘去內芽，以刀背拍碎。混合韓式辣醬的材料備用。

2 削切白菜。白蘿蔔去皮後，切成短條狀。金針菇切除根部，韭菜切5cm長。

3 在土鍋裡放入太白芝麻油、蒜頭，以較弱的中火加熱。待油溫熱後，拌炒2～3分鐘直到散發香氣。然後放入梭子蟹快速炒過（A），倒入高湯。略沸騰時即取出昆布，去除雜質。再加入韓式辣醬。

4 放入白菜、白蘿蔔、金針菇，蓋上鍋蓋。等到蔬菜熟了之後，加入韭菜。

5 吃到最後再放入泡麵，略煮滾即可享用（B）。

A

B

三種餡料各有不同的口感與風味，是充滿新鮮感的餃子鍋。這道料理以雞高湯慢煮餃子，湯也能趁熱一同享用，送進嘴裡滿是雞汁的鮮甜，略燙過的萵苣也非常美味。

A

B

三味湯餃

材料　3～4人分

雞絞肉　150g
　鹽　1/2小匙
　紹興酒　1/2小匙
西洋芹　50g
黑木耳（以水泡開）　20g
青椒　15g
紅椒　15g
萵苣　1/2顆
薑　1小匙
太白粉　3小匙
雞高湯　5杯
紹興酒　2大匙
鹽　1小匙
芝麻油　1大匙
餃子皮　60張
辣油　適量

1 將西洋芹、黑木耳、青椒、紅椒、薑切碎備用。在料理盆裡放入雞絞肉，加入鹽、紹興酒攪拌至有黏性。

2 雞絞肉分成3等分，置於料理盆中，分別加入西洋芹、黑木耳與薑、青椒與紅椒。以等量的水調開太白粉，取1/3加入各個料理盆中混拌均勻，然後包出3種不同餡料的餃子（A）。

3 在土鍋裡放入雞高湯、紹興酒、鹽、芝麻油，以中火加熱。沸騰後加進餃子，待浮起再煮5～6分鐘（B）。萵苣略燙過即可。享用時淋上辣油。

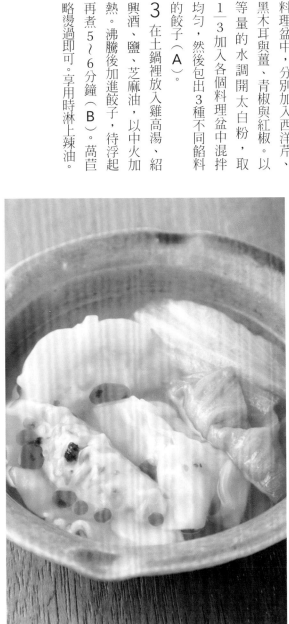

酒粕味噌鍋

材料　3～4人分

豬肩肉（薄切）　200g
白蘿蔔　1/2根（200g）
紅蘿蔔　小型1根
芹菜（切碎）　2根
油豆腐　100g
高湯（昆布・柴魚片）　5杯

酒粕味噌

- 酒粕　80g
- 信州味噌　20g
- 日式醬油　1小匙
- 鹽　1/2小匙

七味粉　適量

試著將食用酒粕搭配味噌做成鍋物料理，沒想到意外的美味！酒粕可以讓身體變得暖呼呼的，在寒冷的冬天請務必嘗試看看。我最近特別鍾愛金澤福光屋＊的酒粕。

＊日本一間近四百年歷史的著名酒廠。

1 白蘿蔔與紅蘿蔔切成細條狀，油豆腐也配合蔬菜切絲。酒粕味噌的材料混合備用（A）。

2 將高湯倒入土鍋，加上鍋蓋，以較弱的中火開始加熱。待高湯溫熱後，放入白蘿蔔、紅蘿蔔（B），蓋上鍋蓋以慢火燉煮，但不煮至沸騰。蔬菜熟了之後，再加進油豆腐。

3 以少量高湯調開酒粕味噌，酌量加入鍋裡，煮到略稠卻不過於濃。再以鹽調味。

4 放入芹菜，豬肉片則攤開入鍋（C）。待豬肉熟了，即可與蔬菜一同享用。可依個人喜好添加七味粉。

A

B

C

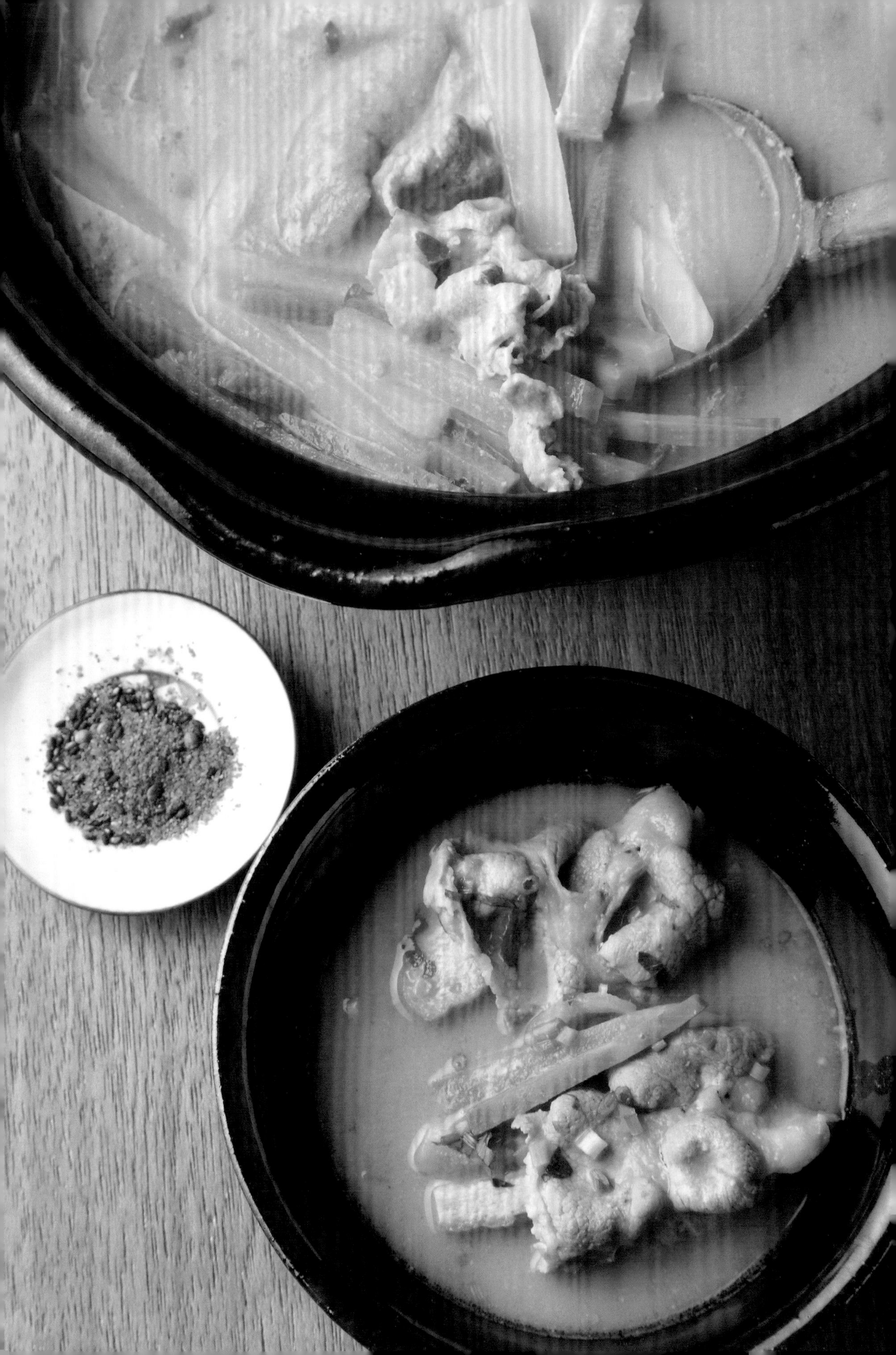

今日的收穫有松茸、鴻喜菇、澤西奶牛蘑菇等，馬上做成料理。

領受四季的恩惠

選擇在伊賀製作土鍋是因爲這裡有優質的黏土，還生長了許多窯燒所需的燃料——赤松木。

秋天來臨時，這些赤松木林會爲我們帶來最棒的美味。沒錯，那就是「野菇」。伊賀的山巒有十種以上的優質菇類，其中又以松茸堪稱菇王！一邊探險一邊尋菇，也成了我日常生活中不可或缺的一部分。感覺氣候溫和的秋季到來時，一大早我就會往山裡出發，採滿整籃的野菇，這也是一種另類的幸福。

我總是能從盈滿生命力的林中，再次獲得滿滿的活力。

採到松茸！其實松茸多生長在日照適度的斜坡地。而後還發現肥碩的鴻禧菇群，讓愉悅的心情來到最高點。

帶著用菇類捏製的飯糰去採菇！

抓著零余子的藤蔓搖晃，再用雨傘去接，才是最聰明的採收法。

松茸炊飯

松茸輕輕洗去髒污，蕈軸切3cm長，再用手撕開。在土鍋裡放入泡過水的米2杯、水2杯，再放入酒1大匙、日式醬油1小匙、鹽1/2小匙，然後全部混拌均勻。接著放進昆布5cm、松茸一同炊煮。完成後盛入碗裡，上面添入醬油漬鮭魚卵。

澤西奶牛蘑菇沙拉

澤西奶牛蘑菇（滑菇也OK）略燙過，取出放在瀝水器瀝乾水分。然後盛入大碗或料理盆裡，加入蘿蔔嬰、茗荷，以及1：1的醋與日式醬油充分混拌。最後撒上滿滿的柴魚片。

蒜香鮮菇義大利麵

在土鍋裡放入橄欖油2大匙、切碎的蒜頭2瓣、鷹爪辣椒（撕開去籽）1根，以小火拌炒至散發香氣，再依各人喜好放入鴻喜菇、澤西奶牛蘑菇等菇類，並將火候調至中火。接著放入水煮過的義大利麵拌炒，最後以鹽調味。

零余子炊飯

在土鍋裡放入泡過水的米2杯、水2杯，再加入酒1大匙、鹽1小匙混拌均勻。然後放入零余子一同炊煮。煮到鬆軟的零余子帶著淡淡的鹹味，變得更加美味。

網烤松茸

松茸輕輕洗去髒污，撒上適量酒備用。淋酒再烤，松茸才不至於太乾，還能帶有些許濕潤，烤肉時不妨試試。將整株松茸放在網子上以炭火燒烤，或可蓋上鍋蓋蒸烤。烤至蕈軸還帶有些微彈性即可，趁熱撕開，淋上日式醬油與香柚汁。

松茸牛肉壽喜燒

以較弱的中火加熱土鍋，放入牛脂肪讓油滲出。把牛肉鋪放在鍋裡，撒上少許鹽，烤至焦色後翻面。以適量的酒、日式醬油調味，將松茸撕成大塊放在肉上，然後蓋上鍋蓋燜烤。待松茸熟了之後，淋上香柚汁享用。亦可以其他菇類替代，都非常美味。

米飯與麵類料理

土鍋能夠炊煮出彈牙又帶有光澤的米飯，冷了也不至於變硬是最大特色，所以總覺得用土鍋炊煮的米飯最好吃。除了各式各樣的什錦炊飯，土鍋還能用來做雜炊以及各種麵食。請大家務必嘗試看看。

要做出好吃的白米飯，關鍵在於火候與水量控制。只要熟悉基本的米飯炊煮，就能變化出不同口味的炊飯。

白米飯

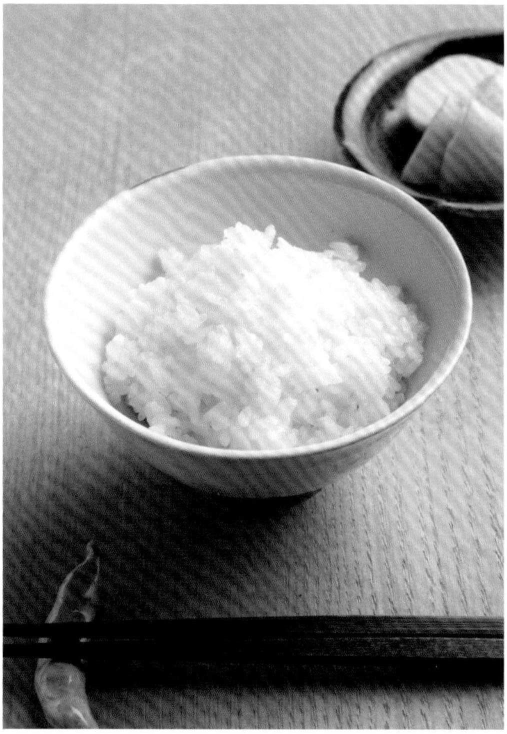

材料　3～4人分

米　3杯（540 mℓ）

水　40 mℓ

- 考量米本身的含水量各有不同，因此並無一定遵循的水量。剛開始不妨加入與米等量的水炊煮，再從煮好的米飯軟硬度微調下次炊煮的水量。

1 在盆裡淘洗米，泡水30分鐘後，置於瀝水器瀝乾水分。

2 土鍋裡放入米以及等量的水。用手指探入鍋內中央處做出凹陷（A），使其受熱均勻。有洞孔的鍋蓋則以廚房紙巾塞住。

A

B

C

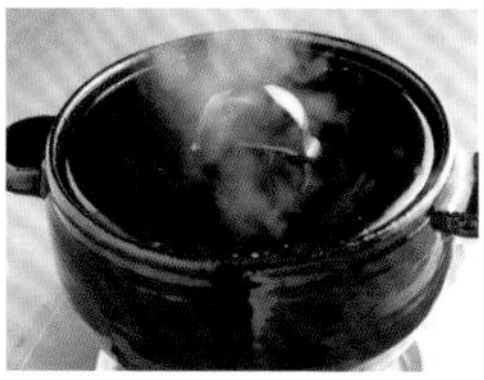

D

E

3 蓋上鍋蓋，轉小火加熱5分鐘。調整火候，讓火焰的最上端恰好抵在鍋底的程度（B）。

4 5分鐘後轉大火。調整火候，讓火焰能觸及鍋底上釉的部分（C）。

5 待沸騰冒出蒸氣後（D），轉微火炊煮13分鐘（E）。關火，燜5分鐘左右。如果想做出帶有鍋巴的米飯，熄火前以大火煮約10秒，然後熄火再燜。

6 取飯杓從鍋底翻攪（F）。

F

秋刀魚薑飯

道非常簡單方便又美味的炊飯料理。使用的是秋刀魚罐頭，不妨選用較高級品，炊煮出來的風味會更加不同凡響。

材料　3～4人分

米　3杯（540 mℓ）
秋刀魚罐頭（調味）
　1罐（150g）
薑　約拇指大小
水　540 mℓ
鹽　1又1/2小匙

1 淘洗米，泡水30分鐘後，置於瀝水器瀝乾水分。薑切細絲備用。

2 在土鍋裡放入米、秋刀魚罐頭、薑、水、鹽（A），蓋上鍋蓋，以小火開始加熱。5分鐘後轉成大火。待沸騰冒出蒸氣，再轉微火炊煮13分鐘，然後關火，燜5分鐘左右。取飯杓從鍋底翻攪混合均勻。

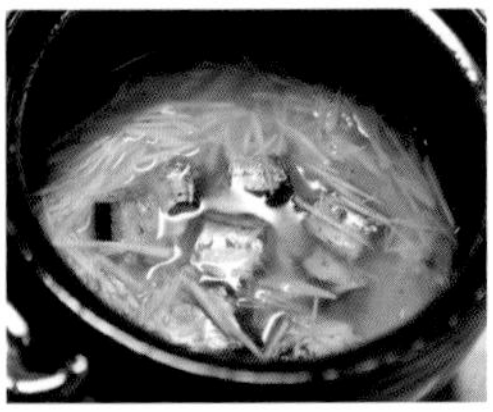
A

花生炊飯

這道是花生盛產季節必做的炊飯。淡淡的鹹味與口感鬆軟的花生，總讓人欲罷不能。

1 花生不去薄皮，用溫水充分浸泡2小時，然後倒掉水。

2 淘洗米，與花生一同泡水30分鐘後，置於瀝水器瀝乾水分。

3 在土鍋裡放入米、花生、水、鹽（A），蓋上鍋蓋，以小火開始加熱，5分鐘後轉大火。沸騰後再轉微火炊煮13分鐘，關火，燜5分鐘。取飯杓從鍋底往上翻攪，混合均勻。盛入飯碗，依個人喜好淋上橄欖油。

材料　3～4人分

米　3杯（540 mℓ）
花生米（生）　1杯
水　540 mℓ
鹽　2小匙
橄欖油　依個人喜好

薑絲雞腿肉飯

米飯吸足了雞肉的美味，搭配薑絲與檸檬一起享用，遂成了異國風味。從炒雞肉到炊煮完成，只要一只土鍋就能辦到。這道料理的靈感來自於東南亞的海南雞飯。

材料　2～3人分

米　1杯
雞腿肉　200g
　鹽　2/3小匙
　橄欖油　1大匙
蒜頭　1瓣
薑　約拇指大小
雞高湯　1杯
橄欖油　2大匙
香菜或鴨兒芹　1/2把
檸檬　適量

B

A

1 雞腿肉退冰至常溫後，切成2cm見方，以鹽及橄欖油搓揉入味。

2 蒜頭切半後摘去內芽，切碎。薑切細絲。

3 在土鍋裡放入橄欖油、蒜頭、薑絲，以較弱的中火開始加熱（A）。拌炒2～3分鐘直到散發香氣。轉中火，放入雞腿肉煎炒（B）。

4 不洗米，直接放入土鍋裡炒（C），待整體與油混拌後，倒入雞高湯混合均勻（D）。蓋上鍋蓋，沸騰後轉微火加熱13分鐘（以廚房紙巾塞住鍋蓋上的氣孔・E）。

5 完成後，撒上切碎的香菜或鴨兒芹（山芹菜），再擠上檸檬汁。

E

D

C

簡易義式起司燉飯

邊酌量加入高湯，一邊炒拌米，讓米飯吸飽湯汁卻不致過於熟爛，是燉飯美味的關鍵。趁熱連同土鍋端上桌，喜歡口感較硬的人可趁早盛起，喜歡口感軟些則可等候土鍋用餘熱燜軟米飯。

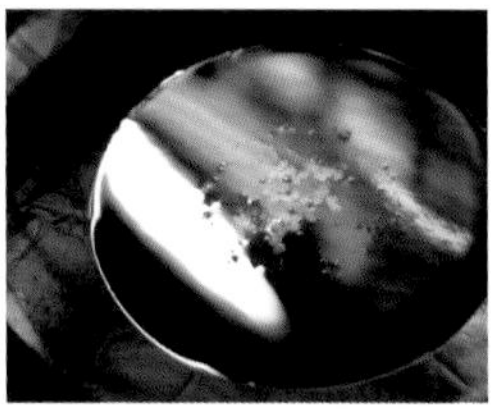
A

B

C

D

材料　3～4人分

米　2杯

帕瑪森起司　50g

雞高湯　2杯

- 加鹽（1又1/2小匙）

橄欖油　2大匙

黑胡椒　適量

1 在土鍋裡倒入橄欖油，以較弱的中火開始加熱。取幾粒米放入鍋裡，起小油泡代表油已溫熱（A），米不洗直接放進土鍋裡炒（B）。

2 整體與油混拌後，倒入1/3的雞高湯，拌炒均勻（C）。炒煮至湯汁變少時，再補入1/2剩餘的雞高湯。待湯汁再次變少，加進剩餘的雞高湯（D）。然後蓋上鍋蓋，以小火加熱10分鐘左右。

3 加入磨細的帕瑪森起司，整體混拌均勻（E）。完成後撒上黑胡椒。

E

土鍋炒烏龍麵

材料　2人分

豬五花肉（薄切）　100g
白蔥　1根
蛋　1～2顆
烏龍麵（冷凍）　1球
沙拉油　1大匙
酒　1大匙
鹽　少許
日式醬油　1大匙
柴魚片、紅薑　適量

起初是一心想吃熱騰騰的炒烏龍麵，才用土鍋做這道料理。放入半熟的蛋，再灑上柴魚片，一邊混拌一邊大口吃下，確實是人間美味啊。

1 豬五花肉洗淨切成3cm寬，白菜斜切5mm厚。用熱水燙冷凍烏龍麵，以鬆開麵條。

2 在土鍋裡倒入沙拉油，以較弱的中火開始加熱。待油溫熱後，轉中火，放入豬五花肉，加上少許的鹽拌炒（A）。然後放入蔥條白色部分繼續拌炒（B）。

3 加入酒、日式醬油，再加入蔥條綠部分，整體拌炒均勻。放入1的烏龍麵，再次混拌。

4 在鍋子中央打入蛋，蓋上鍋蓋，以小火加熱5分鐘（C）。撒上柴魚片與紅薑，享用時可以把蛋攪碎，讓麵條也裹上蛋汁。

A

B

C

燴什錦脆麵

材料　3～4人分

雞腿肉　100g
魚板　1/2條（50g）
白菜　1片
紅椒　1/2顆
青椒　1/2顆
黑木耳　5g
蒸麵　2球
　芝麻油　4大匙
雞高湯　2杯
酒　1大匙
鹽　1/2小匙
日式醬油　1/2小匙
太白粉　1又1/2小匙
芝麻油　2大匙

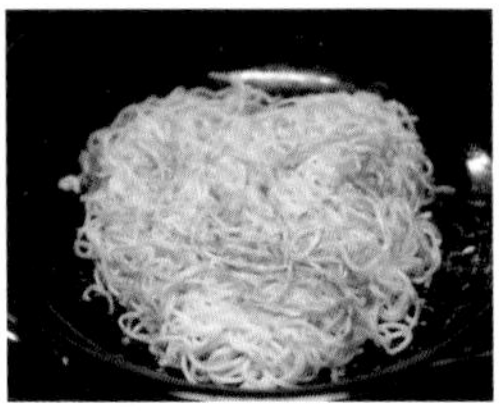

A

1 雞腿肉切成一口大小。魚板切薄片。白菜、紅椒、青椒、黑木耳切成2cm見方。

2 在土鍋裡倒入芝麻油，以較弱的中火開始加熱。然後放入蒸麵，火候調大，一邊攤平麵一邊讓油滲入麵裡。待煎烤出焦色、變得酥脆時即翻面，煎烤至兩面呈焦色（A）。在煎烤的過程最好不要一直翻弄麵條。

3 同時取另一只鍋（平底鍋也無妨）倒入芝麻油以中火加熱，然後放入雞腿肉拌炒，加酒再炒過。最後加入魚板、白菜、紅椒、青椒、黑木耳，繼續拌炒。

4 加入雞高湯與鹽。取等量的水溶解太白粉以增添稠度，最後調入日式醬油，整體混拌均勻。

5 趁熱淋在2的麵上。

把燴汁淋在炸得酥脆的蒸麵上時，鍋緣會發出滋滋聲響。原來土鍋發出的聲音也是美味的一環！真是所謂的五感兼具。

用土鍋變化出麵包與雞蛋的早餐組合

材料　2人分

蛋　2顆

麵包（牛角麵包、長棍麵包等）

蔬菜（萵苣、番茄等）

長期愛用我家土鍋的某位顧客說：「用土鍋溫熱過的麵包特別好吃」。我也試著仿效，發現即使是冷凍過的麵包，也能溫熱得鬆軟而不乾硬。在最後的篇幅，將介紹如何用土鍋做甜點。

1 取已回復至常溫的蛋。將蛋放入土鍋，以較弱的中火開始加熱，並不時掀蓋推移蛋，加熱7～8分鐘後熄火。

2 蛋取出後，立即放入水中冷卻。將麵包放入土鍋，蓋上鍋蓋，利用餘熱溫熱麵包（視情況上下換面來調整焦色。甜麵包容易焦，烘烤的時候得留意）。

3 與蔬菜一同盛盤。用餐刀把蛋敲開，與溫熱的麵包一起享用。

鬆餅原是平底鍋擅長的美味料理，以土鍋製作，反而更顯得蓬鬆且帶有厚度，冷卻後也不至於乾硬。

鬆軟綿密的自家製鬆餅

材料　2人分

低筋麵粉　100g
泡打粉　5g
黍砂糖（きび砂糖）　25g
蛋　1顆
優格　3大匙
牛奶　3大匙
鹽　1撮
沙拉油　適量
奶油　適量
楓糖漿　適量

1 低筋麵粉、泡打粉與黍砂糖混合後過篩。

2 在大碗或料理盆中放入1、打散的蛋、優格、牛奶、鹽，充分混合均勻。

3 土鍋加上鍋蓋，以較弱的中火開始加熱。然後轉小火，倒入沙拉油，以廚房紙巾沿鍋緣將油塗抹開來。待油溫熱後，倒入一半的麵糊，蓋上鍋蓋，加熱5分鐘（A）。

4 待烤出焦色即翻面，關火並蓋上鍋蓋，利用土鍋的餘熱再加熱3分鐘。剩餘的麵糊也依照同樣步驟燒烤完成。

5 享用時可依個人喜好添加奶油或楓糖漿。

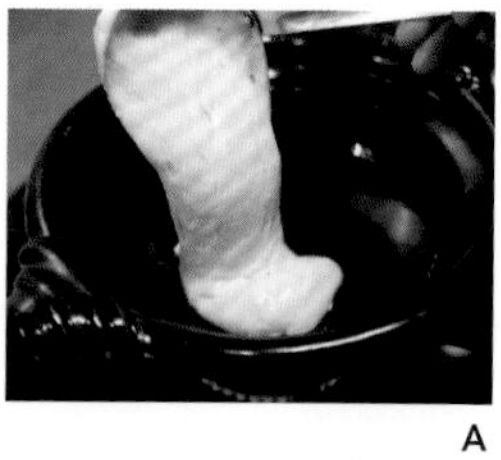

A

不知從何時開始我不再喜歡甜食，唯有卡士達醬是例外。能夠和緩均勻加熱的土鍋最適合拿來做卡士達醬了。無論是熱熱的吃，或冷了都美味可口。

特製卡士達醬

材料　容易製作的分量

麵粉　2大匙
奶油　2大匙
牛奶　1杯
黍砂糖　50g
蛋黃　2顆
香草莢　1/4根
鮮奶油　1/2杯
蘇打餅、水果、麵包等　適量

1 縱切香草莢，刮出香草籽。將牛奶、黍砂糖、蛋黃、香草籽連莢一同放入大碗或料理盆中，充分混拌均勻。

2 在土鍋裡放入奶油，以較弱的中火開始加熱。奶油融化後加入麵粉拌炒，炒的時候需避免炒焦，然後關火（A）。

3 取1的卡士達醬汁，一邊過濾一邊倒入土鍋，接著用打泡器攪拌混合。以較弱的中火開始加熱，手持木鏟緩慢攪拌。待濃稠至鍋緣留下木鏟混拌的痕跡時，即關火。

4 加入鮮奶油，整體充分混拌。

5 可以搭配水果或蘇打餅享用。置於冷藏可保存2天左右。

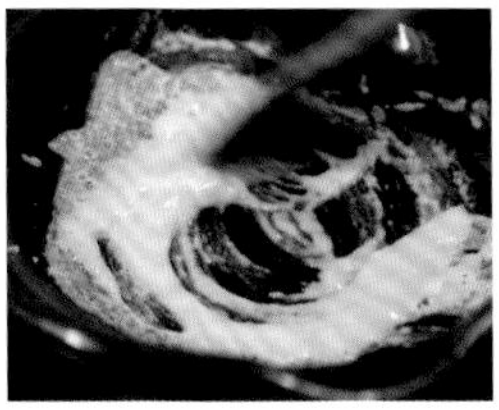

A

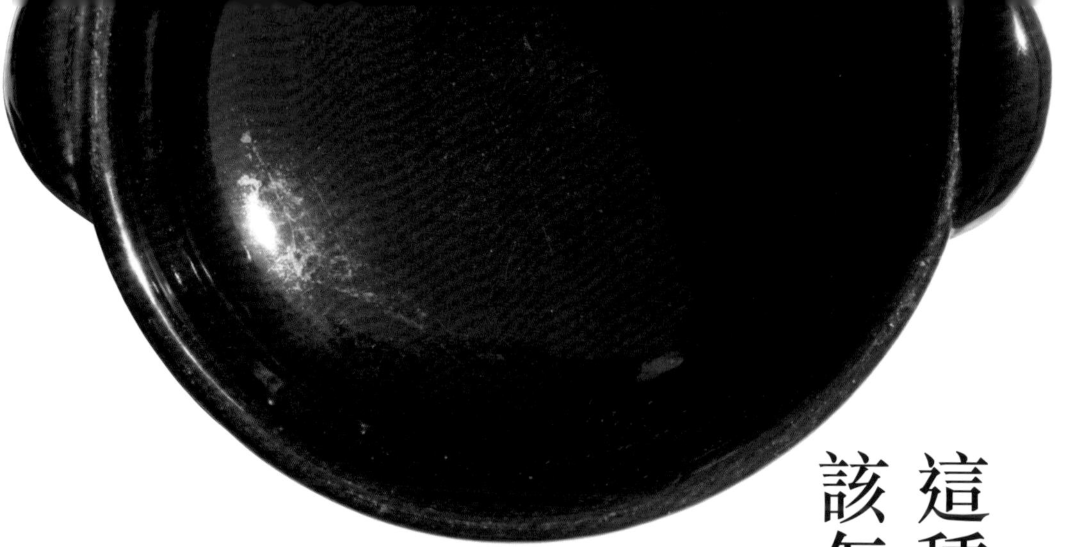

這種時候，該怎麼做才好？

土鍋是一種與使用者並肩成長的器具，會隨著使用方法的不同而產生變化。
有時看似是問題，其實卻是往好的方向發展，
大多數情況只要經過適當的保養清潔，就能繼續使用。
在此，特別依據土鍋的特性綜合歸納出平時保養鍋具的方法。

土鍋的各種疑難排解與土鍋不擅長的事

Q 使用過程中為何會出現細小裂紋？

A 細小裂紋是土鍋養護過程中的必然現象，無須擔心。不過，裂紋仍有可能造成土鍋破裂。土樂的土鍋是採用伊賀當地較粗的土質，經手揉延展而成，因此鍋體帶有許多小洞孔，會隨著加熱膨脹、冷卻收縮，可適時調節土鍋的變化。

因此，這種細小裂紋對土鍋來說不可或缺。愈使用就愈有裂縫或裂紋，逐漸養護出易於烹煮、使用的土鍋。

但若是土鍋的鍋緣或把手出現了裂縫，隨著加熱膨脹可能會造成破裂，此時便應該汰舊換新。

Q 裂紋若出現滲水情況該怎麼辦？

A 裂紋出現輕微滲水情況時，可以參考第8頁的煮粥。或者烹調雜炊、烏龍麵等含澱粉質的料理，也能緩和滲水情況。約莫半年煮一次粥即可安定裂紋，讓土鍋更耐久用。

土鍋出現裂紋，並從裂紋處滲出水時，也可以搗爛米飯塗抹其上，亦具有填補保護作用。

Q 容易起焦垢？

A 可藉由浸泡溫水，泡軟土鍋的焦垢。若直接以過硬的刷子清洗會刷去釉藥，所以得小心清洗。實在難以清除乾淨時，可利用湯匙的前端刮

去焦垢。

不徹底去除焦垢而繼續使用的話，反而更容易產生燒焦情況。所以覺得「特別容易燒焦」時，不妨試著好好清理鍋子的焦垢。

Q 似乎容易沾染料理的氣味？

A 在意氣味時，可以將水注入土鍋至8分滿，再放入一撮茶渣，煮滾10分鐘左右。然後略洗過，並充分乾燥。茶葉裡的成分可以吸附惱人的氣味。

使用全新的土鍋時，最好經過5到6次的炊煮後，才烹調必須使用到油脂的料理，如此較不容易沾染氣味。

Q 長了霉該怎麼辦？

A 土鍋屬多孔的質地結構，水分容易滲入，因此也容易發霉。但即便發霉，只要經過保養清理，還是能繼續使用，無須擔心。

用水即能洗去土鍋上的霉斑，然後再以布巾確實拭去水漬。或是在土鍋裡注入8分滿的水，加入2到3大匙的醋，煮滾10分鐘左右，略洗過後徹底乾燥。

可以日曬土鍋以保持乾燥，存放時用報紙包裹便不容易發霉。

Q 哪些情況較不利於土鍋？

A 本書所使用的土鍋，原料來自於伊賀當地耐火性佳的黏土，素燒後加上飴釉（一種鐵釉釉藥），再正式窯燒而成。

一般來說，為了不傷及土鍋的質地或釉藥的部分，使用木質的烹調器具更優於金屬製品。

再者，土鍋不適合炸物。除了炸油容易滲入土鍋造成不好的氣味之外，烹調的過程中，滲入鍋裡的油也可能引火，得特別留意。

153

超厲害！土鍋做的美味料理

炒、烤、蒸、燉、炊樣樣來

DONABE DAKARA OISHII RYORI

Photographs by KUNIHIRO FUKUMORI
Art Direction by SHUZO AKIHARA
Originally published in Japan in 2015
by PHP Institute, Inc., TOKYO.
Traditional Chinese translation rights arranged
with PHP Institute, Inc., TOKYO.
through TOHAN CORPORATION, TOKYO.
and AMANN CO., LTD., Taipei.

超厲害！土鍋做的美味料理：
炒、烤、蒸、燉、炊樣樣來／
福森道步作；陳柏瑤譯.
－初版.－臺北市：麥田出版：
家庭傳媒城邦分公司發行，2016.01
面；公分
譯自：土鍋だから、おいしい料理
ISBN 978-986-344-306-3（平裝）
1. 食譜
427.1　　　　104027670

作　　者　福森道步
譯　　者　陳柏瑤
責任編輯　林如峰
國際版權　吳玲緯
行　　銷　艾青荷　蘇莞婷
業　　務　李再星　陳玫潾　陳美燕　枡幸君
主　　編　蔡錦豐
副總經理　陳瀅如
編輯總監　劉麗真
總 經 理　陳逸瑛
發 行 人　涂玉雲

出　　版

麥田出版
台北市中山區104民生東路二段141號5樓
電話：(02) 2-2500-7696　傳眞：(02) 2500-1966
網站：http://www.ryefield.com.tw

發　　行

英屬蓋曼群島商家庭傳媒股份有限公司城邦分公司
地址：10483台北市民生東路二段141號11樓
網址：http://www.cite.com.tw
客服專線：(02)2500-7718; 2500-7719
24小時傳眞專線：(02)2500-1990; 2500-1991
服務時間：週一至週五09:30-12:00; 13:30-17:00
劃撥帳號：19863813　戶名：書虫股份有限公司
讀者服務信箱：service@readingclub.com.tw

香港發行所

城邦（香港）出版集團有限公司
地址：香港灣仔駱克道193號東超商業中心1樓
電話：+852-2508-6231　傳眞：+852-2578-9337
電郵：hkcite@biznetvigator.com

馬新發行所

城邦（馬新）出版集團【Cite(M) Sdn. Bhd. (458372U)】
地址：41, Jalan Radin Anum, Bandar Baru Sri Petaling, 57000 Kuala Lumpur, Malaysia.
電話：+603-9057-8822　傳眞：+603-9057-6622
電郵：cite@cite.com.my

封面設計　黃暐鵬
印　　刷　漾格科技股份有限公司
初版一刷　2016年1月

定　　價　新台幣350元
I S B N　978-986-344-306-3

讀者回函卡

cite城邦媒體

※為提供訂購、行銷、客戶管理或其他合於營業登記項目或章程所定業務需要之目的，家庭傳媒集團（即英屬蓋曼群島商家庭傳媒股份有限公司城邦分公司、城邦文化事業股份有限公司、書虫股份有限公司、墨刻出版股份有限公司、城邦原創股份有限公司），於本集團之營運期間及地區內，將以e-mail、傳真、電話、簡訊、郵寄或其他公告方式利用您提供之資料（資料類別：C001、C002、C003、C011等）。利用對象除本集團外，亦可能包括相關服務的協力機構。如您有依個資法第三條或其他需服務之處，得致電本公司客服中心電話請求協助。相關資料如為非必填項目，不提供亦不影響您的權益。

□ 請勾選：本人已詳閱上述注意事項，並同意麥田出版使用所填資料於限定用途。

姓名（必填）：＿＿＿＿＿＿＿＿ 聯絡電話（必填）：＿＿＿＿＿＿＿＿

聯絡地址（必填）：□□□□□＿＿＿＿＿＿＿＿

電子信箱：＿＿＿＿＿＿＿＿

身分證字號：＿＿＿＿＿＿＿＿（此即您的讀者編號）

生日：＿＿年＿＿月＿＿日　性別：□男　□女　□其他＿＿＿＿

職業：□軍警　□公教　□學生　□傳播業　□製造業　□金融業　□資訊業　□銷售業

□其他＿＿＿＿＿＿＿＿

教育程度：□碩士及以上　□大學　□專科　□高中　□國中及以下

購買方式：□書店　□郵購　□其他＿＿＿＿＿＿＿＿

喜歡閱讀的種類：（可複選）

□文學　□商業　□軍事　□歷史　□旅遊　□藝術　□科學　□推理　□傳記　□生活、勵志

□教育、心理　□其他＿＿＿＿＿＿＿＿

您從何處得知本書的消息？（可複選）

□書店　□報章雜誌　□網路　□廣播　□電視　□書訊　□親友　□其他＿＿＿＿

本書優點：（可複選）

□內容符合期待　□文筆流暢　□具實用性　□版面、圖片、字體安排適當

□其他＿＿＿＿＿＿＿＿

本書缺點：（可複選）

□內容不符合期待　□文筆欠佳　□內容保守　□版面、圖片、字體安排不易閱讀　□價格偏高

□其他＿＿＿＿＿＿＿＿

您對我們的建議：＿＿＿＿＿＿＿＿

＿＿＿＿＿＿＿＿

cite城邦媒體 麥田出版
Rye Field Publications
A division of Cité Publishing Ltd.

廣　告　回　函	
北區郵政管理局登記證	
台北廣字第000791號	
免　貼　郵　票	

英屬蓋曼群島商
家庭傳媒股份有限公司城邦分公司
麥田出版行銷部收

104 台北市民生東路二段141號5樓

▼

請沿虛線折下裝訂，謝謝！

超厲害！土鍋做的美味料理

炒、烤、蒸、燉、炊樣樣來

即日起，購買本書寄回「讀者回函卡」，即可參加抽獎！
獎項：「五福窯」精緻養身陶鍋（黑釉/ 約800ml，1～2人份）乙個（共8名）

回函收件日期：即日起～2016/02/28（郵戳為憑）
得獎名單公布：2016/03/07（詳見麥田出版臉書）
寄送獎品時間：2016/03/14～03/18
※主辦單位保有提前或取消活動之權利。
麥田出版臉書 www.facebook.com/RyeField.Cite

麥田出版
Rye Field Publications